サプライチェーンのシェアリングモデル

Shimono Yoshitaka
下野由貴 [著]

トヨタグループにおける付加価値の創造と分配

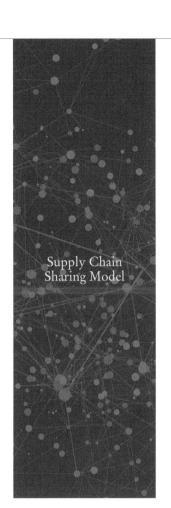

Supply Chain
Sharing Model

中央経済社

はじめに

　昨今の新型コロナウイルス感染症の蔓延は，企業活動はもとより社会全体に多大な影響を与えている。ヒトやモノの移動が制限される中で，企業が構築しているサプライチェーンも寸断されたり，停滞したりするなど，大混乱をもたらしている。このような有事に限らず，平時においてもサプライチェーンが有効に機能するためには，構成する各企業の主体的な連携や協働が求められる。

　本書は，サプライチェーンにおける企業間協働のあり方について考察することを目的とする。原材料メーカー，部品メーカー，完成品メーカー，卸売業者，小売業者などから構成されるサプライチェーンにおいて，それぞれの企業が互いに協力することによって，自社だけでは達成できない成果をもたらすことができる。しかし，協力の仕方によっては，その成果が 1 + 1 = 2 以上になる場合もあれば，2 未満となる場合もある。その一方で，サプライチェーンを構成する各企業は，自らの成果の取り分をめぐって競争もしている。たとえ協力によって成果が 2 以上になったとしても，自社への分配が 1 未満にならないように，成果の獲得競争を繰り広げる。このように，サプライチェーンにおける協力と競争，付加価値の創造・拡大とその分配は，コインの表と裏のように，切っても切れない関係である。

　しかし，これまでのサプライチェーンにおける企業間協働の研究は，どちらかといえば協力に基づく付加価値の創造・拡大の側面にスポットライトが当てられることが多く，分配の側面については，その重要性は指摘されるものの，具体的な実証的研究に発展することが少なかった。本書では，サプライチェーンを構築する企業間において，協働に伴うリスクの最小化や協働の結果として得られる利益の最大化をどのように目指すのか，また，それらのリスクや利益をどのように分配すべきかという問題について明らかにするものである。具体的には，日本の自動車産業と電機産業を主たる研究対象として，シェアリングモデルとバーゲニングモデルという 2 つのモデルを提示することができた。

　さらに，従来の企業間協働や企業間取引の研究としては，買い手の視点に基づくものが多く，売り手の視点に立ったものが少ないという問題点があった。自動車部品取引の買い手である完成車組立メーカーのように，企業間協働や企業間取引のヘゲモニーを握る企業がサプライチェーン全体をコントロールするだけでは，事業環境の不確実性に適切に対応することが難しくなっている。本書では，買い手だけでなく，売り手の立場からもサプライチェーンの付加価値創造や分配について考察を深める。

　本書は，日本の自動車産業，電機産業を研究対象としているが，それ以外の国や産業に属する企業の実務家の方々にとっても，サプライチェーンの構築やマネジメントに対して，少しでも参考になることがあれば幸いである。また，経営戦略，組織間関係，サプライチェーンの研究に対して，何らかの学術的な示唆を与えることができるとすれば，望外の喜びである。また，研究者にとっても，自らの共同研究のあり方を考える一助となれば嬉しい限りである。昨今は，日本の研究者も国際的な共同研究の成果が求められるが，学術的な共同研究の結果としての成果やそれに伴うリスクの分配についても，通じるところがあると考えるからである。

　本書は神戸大学大学院経営学研究科に提出した博士論文を大幅に加筆・修正したものである。その完成には，数多くの方々からの助言や支援が存在している。

　真っ先に感謝の気持ちを申し上げなければならないのは，私が学部3回生の頃からお世話になっている加護野忠男先生（神戸大学名誉教授）である。加護野先生がいらっしゃらなかったら，おそらく研究者の道には進んでいないだろう。大学院のゼミにおいて，本書の第4章〜第6章のように，企業の財務データに基づく研究報告をしていた時に先生がおっしゃった「（この研究は）下野に合っとるな」という言葉を拠り所にして，今日まで曲がりなりにも研究者の仕事を続けてこれたと実感している。（誰でも入手可能という意味での）ありふれたデータであっても，目の付け所や分析手法を駆使することによって新し

い発見をすることは，学問の醍醐味のひとつであると教えていただいた。先生からは，大学院を修了してからも，定期的な学会や研究会において，学問の奥深さ，面白さ，厳しさをご教授いただいている。

　神戸大学の高嶋克義先生，末廣英生先生には，博士論文の審査委員として，厳しくも温かいご指導をいただいたことにお礼を申し上げたい。高嶋先生には，商学の視点からサプライチェーン研究の問題点をご指摘いただくとともに，研究者としての基本的な姿勢をご教授いただいた。末廣先生には，ご自身のゼミに誘っていただき，研究報告の機会を与えていただいた。また，統計学の基本的な知識やデータの持つ意味について丁寧にご指導いただいた。

　さらに，本書の一部には，雑誌『組織科学』に発表した論文が掲載されているが，シニアエディターとして丁寧にご指導いただいた武石彰先生（学習院大学）や匿名のレフリーの方々にも感謝を申し上げたい。

　神戸大学加護野研究室出身の先輩・後輩の方々からも，数多くの助言や刺激をいただいている。特に，石井真一先生（大阪市立大学）には，たいへんお世話になっている。石井先生がいらっしゃったからこそ，本書を完成することができたと言っても過言ではない。石井先生は会うたびに，「下野さん，本はまだ？」と気に掛けていただき，なかなか筆が進まない私に適度なプレッシャーを与えていただいた。また，私が名古屋に移ってからは，数多くのインタビュー調査に同行させていただいている。豊田市や刈谷市だけでなく，米国や欧州における現地調査にもお誘いいただくなど，石井先生とご一緒するようになってから，インタビュー調査の進め方を基礎から学ばせていただいている。実際に，本書の第7章に掲載されている事例研究は，石井先生がいなければ完成させることはできなかったであろう。心よりお礼を申し上げたい。

　加護野研究室の同期の小沢貴史先生（大阪市立大学），加藤厚海先生（岐阜大学），松尾知也先生（九州産業大学）とは，切磋琢磨できる間柄であり，研究会や共同研究などにおいて，多くの有益な助言をいただいている。特に，加藤先生とは，グローバルサプライチェーンの共同研究を通じて，タイの片田舎やインドの雑踏の中を共に這いずり回っており，さまざまな刺激をいただいて

いる。

　私が現在所属する名古屋市立大学大学院経済学研究科の方々にもお礼を申し上げたい。特に，加護野研究室の先輩でもある角田隆太郎先生（現，椙山女学園大学），河合篤男先生，出口将人先生は，研究や教育，学内業務について，さまざまなご助言をいただいている。また，欧州調査の際は，本校の協定校であるルートヴィクスハーフェン経済大学のFrank Rövekamp先生にはいつもお世話になっている。元下野ゼミ生の横山衛氏には，原稿に目を通していただき，貴重なコメントをいただくとともに，校正作業をお手伝いいただいた。記して感謝したい。

　本書はさまざまな調査結果に基づいている。特に，インタビューデータの収集には，企業の方々に貴重な時間を割いていただいた。ご期待に沿えるような成果となっているか不安であるが，少しでも参考になることがあれば幸いである。

　本書の基礎となっている調査は，日本学術振興会の科学研究費補助金（若手研究（B）18730245，若手研究（B）21730308，基盤研究（C）26380516，基盤研究（C）20K01940）からの資金援助をいただいている。

　出版状況が厳しい中で，本書の出版をご快諾いただいた中央経済社や，なかなか筆が進まない怠惰な私を粘り強くサポートいただき，コロナ禍の中で情報伝達が制限されながらも丁寧に編集・校正いただいた同社の浜田匡氏に心よりお礼を申し上げる。

　最後に，私事で恐縮するが，研究者の道に進むことを支援いただいた両親や姉妹，いつも温かい家庭を育んでくれる妻と息子に感謝の意を表したい。

2020年7月

　　　　　　　　　　　　　　　　　　　　下野　由貴

目　　次

第 1 章

サプライチェーンにおける付加価値の創造と分配

1.1 サプライチェーンへの注目

　サプライチェーン，アライアンス，アウトソーシング，オープン・イノベーション，クロスボーダーM&A……。経営学では，企業間関係や組織間関係を論じるための概念が数多くあり，特に近年はそれらを目にする機会が多い。企業を取り巻く環境が大きく変化している現在，自社だけでなく他企業との連携や協働によって，事業を展開する動きが強まっている。本書で取り上げるサプライチェーンは，「原材料調達→部品調達→完成品組立→卸売→小売」という供給の連鎖を意味し，原材料メーカーや部品メーカー，完成品メーカー，卸売業者，小売業者，物流業者などの独立した複数の企業が垂直的に連携や統合されることによってはじめて機能する（La Londe and Masters, 1994）。しかし，自社のみならず，サプライチェーン全体を上手にコントロールすることは容易ではない。サプライチェーンをどのようにマネジメントしていくのかという課題は，特に有事の際に顕在化する。最近，サプライチェーンに注目が集まったのは2011年であった。すなわち，東北地方を中心に襲った東日本大震災とタイのチャオプラヤ川流域で洪水が発生した年である[1]。地震や洪水で工場や物流網が被災し，サプライチェーンの一部が寸断されてしまったからである。もちろ

ん，自然災害だけでなく，地域の紛争やテロ，伝染病や大規模な事故もサプラ
イチェーンに大きなダメージを与える。地球規模で見ると，サプライチェーン
を寸断するほどの大規模な災害や事故は10か月に一度のペースで発生している
という[2]。

　本書では，平時や有事に限らず，サプライチェーンにおける企業間協働のあ
り方について議論を進める。特に，サプライチェーンがもたらす付加価値の創
造と分配というテーマに注目する。サプライチェーンを構成する複数の企業は
一方で協力しながら付加価値を創造したり拡大したりするが，もう一方でその
付加価値を奪ったり，自社の取り分をより大きくしたりするための競争を行っ
ている。持続的な競争力があるサプライチェーンには，どのような付加価値の
創造と分配のメカニズムが存在しているのか。本書では，日本の自動車産業と
電機産業を対象として，付加価値の創造と分配のメカニズムについて考察する
ことを目的とするが，特にトヨタグループのサプライチェーンに注目しながら
考察する。

1.2　サプライチェーン・マネジメントとは

　サプライチェーン・マネジメント（Supply Chain Management：SCM）と
いう言葉が世間に認識されるようになったのは1980年代初めであり（Oliver
and Webber, 1982），理論的研究や実証的研究が本格的に始められるように
なったのは1990年代後半である[3]（Lambert, Cooper and Pagh, 1998）。SCMの
定義化も，1990年代初めからさまざまな研究者によって行われた（Novak and
Simco, 1991; Towill, Naim and Wikner, 1992; Cooper and Ellran, 1993など）。
この頃の定義には，サプライヤーから最終消費者までを包括する概念とともに，

　　1　日本経済新聞2011年7月19日，2011年10月22日。
　　2　日経ビジネス2012年3月5日号。
　　3　1980年代以前には，Forrester（1961）がSCMの概念について言及しており，企業の成功
　　は，情報，原材料，人的資源，資本や設備の相互作用にかかっていると指摘している。

モノの流れ，関係のマネジメントという特徴があった。2000年以降も，サプライチェーンの研究は多様な学問分野で進められていったが，それぞれの分野において，特定的なSCMの定義が用いられるようになった（Giunipero et al., 2008）。

　後述するように，本書では主として狭義の経営学の文脈において議論を進めていくが，他の学問分野の知見も援用しながら考察を加える。したがって，本書では，特定の学問分野に限定されず，サプライヤーから最終消費者までのモノの流れや関係のマネジメントという意味を包含するように，以下のようにSCMを定義する。

　サプライチェーンとは「原材料の段階から，最終消費者にいたるモノの流れおよびこれに付随する情報の流れに関わるあらゆる活動」を意味し，そのサプライチェーンのマネジメントを意味するSCMとは「継続的競争優位を確保するために，サプライチェーンの連携関係の改善を通じて，川上から川下にかけての一連の活動を統合していくこと」である（Handfield and Nichols, 1998）。つまり，最終消費者に製品・サービスを供給するまでの一連の活動を，企業や組織の境界を越えて1つのビジネスプロセスとして連結することによって，情報などの互いの経営資源を共有し，サプライチェーンの全体最適化を目指す経営手法である。サプライチェーン全体の利益の増大，コストや不良在庫の削減を実現することによって，サプライチェーンに参加する各企業が互いにメリットを獲得するというWin-Win関係を築くことができるといわれている。

　このような企業横断的なビジネスプロセスの改善は，これまでにも数多くの分野で議論されてきた。例えば，米国のアパレル業界に導入されたQR（Quick Response）運動や，欧米の食品業界のECR（Efficient Consumer Response），米国の外食業界のEFR（Efficient Foodservice Response）などが挙げられるが，これらの概念もSCMの1つであったといえよう（Lee, 2004；圓川, 2009）。SCMは部門や企業ごとの最適化ではなく，自社の川上，川下に位置する企業も含めたサプライチェーン全体を対象として最適化を図ることが特徴であることから，製造業，非製造業などの業種の枠を越えた経営手法として注目されて

きた。

　SCMという概念が登場した背景には，企業を取り巻く環境の不確実性の増大を指摘することができる。例えば，企業間競争のグローバル化が挙げられる。企業はグローバル競争に対応するために，自社の得意分野へ資源を集中し，他の機能は外部企業を活用しようとする。その結果，企業間連携が活発に行われるようになる。また，顧客のニーズの変化が激しくなり，製品・サービスのライフサイクルの短縮化が起こっている。ある商品がヒットしたからといって，その商品を大量に生産・販売しても，それがすべて売れるとは限らず，大量の不良在庫を発生させる危険性が高くなっている。このような環境変化に対して，一企業レベルではなく，サプライチェーンを構成する複数企業レベルの対応が求められている。

1.3　学際的研究としてのサプライチェーン

　SCM研究はさまざまな学問分野のるつぼであり，購買戦略，情報技術だけでなく，ロジスティクス，オペレーションズ・マネジメント，流通マネジメント，マーケティングなどの学問分野でも議論されている（Giunipero et al., 2008）。上述したように，SCMは企業の境界を越えた経営手法であり，原材料メーカーのような川上から最終消費者に接する小売業などの川下まで，サプライチェーンのさまざまなポジションに位置する企業が分析対象となるからである。さらに，業界や製品特性によっても，SCMにおいて考慮すべき内容が異なる可能性がある。例えば，消費財や生産財，汎用品とカスタム品の違いのように，製品特性によって適したSCMは異なる（Fisher, 1997）。このように，分析対象や業界特性，製品特性の多様性ゆえに，SCM研究は学際的になっている。

　SCMを中心的に扱う経営学の中でも多岐にわたっており，経営戦略論や組織間関係論などの狭義の経営学と，マーケティング・チャネル論やロジスティクスなどの商学に大別される。前者はサプライチェーンの川上に位置する製造

業を対象とした研究が多く，特に，自動車産業に関する研究が質・量ともに突出している[4]。後者は，サプライチェーンの川下に位置する卸売・小売業を主たる対象としてきたが，近年では製販統合や生産財マーケティングに代表されるように，川上の製造業も含めた議論も活発に展開されている（石原・石井，1996；高嶋・南，2006）。このように従来のSCM研究の問題点は，研究対象が広範囲に及ぶがゆえに，個々の研究が局地的に展開され，SCMを包括的に把握するための分析枠組みや視点の構築が不十分であることであった。近年では研究対象が近似化しつつあるにもかかわらず，狭義の経営学と商学の学問的な境界ははっきりと区分されたままである。はっきりと区分されるがゆえに，一企業の経営戦略を取り扱う狭義の経営学と複数企業間の取引関係を分析する商学の間に抜け落ちる研究課題を十分に検討することができないという問題が生じる。

　また，SCMは狭義の経営学や商学などの社会科学分野において活発な議論が展開されているだけでなく，オペレーションズ・マネジメントやオペレーションズ・リサーチなどの経営工学分野においても膨大な研究が蓄積されている（de Kok and Graves，2003など）。これらの研究は，工場，個別企業，取引先も含めたサプライチェーン全体などのさまざまなレベルにおいて，品質管理，原価管理，工程管理，在庫管理などの生産性や効率性の追求を目指す学問分野であり（藤本，2001b），前述した社会科学分野におけるSCMとは異なる問題意識に基づいて，研究が進められている。

　さらに，分析の視点が多様化していることも，SCM研究の理解を困難にする要因の1つとなっている。Giunipero et al.（2008）は，SCMに焦点を当てた9つの学術雑誌を対象として，1997年から2006年までの10年間をカバーした歴史的分析を通じて，SCM研究のさまざまなトレンドや分野の発展を概観している。そこでは，SCM研究を13のカテゴリーに分けて，どのカテゴリーの研究が多いのかを明らかにしているが，①SCM戦略，②SCMフレームワーク・

4　狭義の経営学における自動車産業を中心としたサプライチェーンの研究は，第2章や第3章を参照されたい。

トレンド・課題，③アライアンス・企業間関係の3カテゴリーが全体の約6割を占めていることを指摘した[5]。

　以下では，これらの問題点を解消し，研究分野や業種，サプライチェーン内のポジションを越えた包括的な分析枠組みや研究の視点を提示するために，経営工学，商学，狭義の経営学におけるSCM研究を概観する。

1.3.1　経営工学におけるサプライチェーン

⑴　科学的管理法からトヨタ生産システムへ

　20世紀初めにF.W. テイラーが提唱した科学的管理法を起源とする経営工学やオペレーションズ・マネジメントは，工場内の作業時間や動作の標準化を行い，ムダのない効率的な管理を進めるものである（テイラー，1969）。1950年代には，オペレーションズ・リサーチ，すなわち統計やシミュレーションに基づく最適化手法が生産・販売計画や在庫管理に活用されるようになった（圓川，2009）。オペレーションズ・マネジメントは，テイラーの科学的管理法を起源として，フォード生産システムを経て，トヨタ生産システム（Toyota Production System：TPS）へと発展していった[6]。

　TPSとは，「良品廉価な車を早くお客様にお届けすることを目指し，改善を積み重ねて確立してきたトヨタ独自の効率的な『つくり方』の思想で，停滞をなくし『流れをつくる』ことを基本としている」[7]。1970年代に入ると，世界的に供給が需要を上回り，消費者の嗜好も多様化していった。このような時代では，つくったものを売ることから売れるものをつくることへと発想の転換が必

5　13のカテゴリーとは，①SCM戦略，②SCMのフレームワーク・トレンド・課題，③アライアンス・企業間関係，④Eコマース，⑤タイムベース戦略，⑥情報技術，⑦品質，⑧サプライヤー開発・選択・管理，⑨環境・社会的責任，⑩アウトソーシング，⑪人的資源管理，⑫バイヤーの行動，⑬国際化・グローバル化である（Giunipero et al., 2008）。

6　1900年代初めに米国の自動車メーカー，フォードの創始者，ヘンリー・フォードによって考案されたフォード生産システムとは，作業の標準化（standardization），単純化（simplification），専門化（specialization）の3Sを推進して，大量生産によって効率化を図る生産システムである（圓川，2009；前田，2004；富野，2017）。

7　「トヨタ生産方式詳細解説　1．トヨタ生産方式とは」『トヨタ自動車75年史』（ウェブサイト版）より。

要となった（圓川，2009）。TPSの根幹を担う2つの考え方が，ジャストインタイム（Just in Time：JIT）とニンベンのついた自働化である（大野，1978）。JITとは，「『必要なものを，必要なときに，必要なだけ造る（運ぶ）』ことが基本的な考え方である」[8]。サプライヤーも含めた生産工程において，「生産の停滞やムダの無い『物と情報の流れ』を構築している」[9]。JITによって，生産工程の「ムリ・ムダ・ムラ」を取り除き，時間・コスト・品質の効率的な管理を目指す。もう一方のニンベンのついた自働化とは，「品質，設備に異常が起こった場合，機械が自ら異常を検知して止まり，不良品の発生を未然に防止することである」[10]。ニンベンのない自動化は，人の動作を単に機械に置き換えたものであるが，ニンベンのある自働化は，「アンドン」や「ポカヨケ」など，機械が善し悪しを判断して異常が生じたら自動で止まり，不良品を作らないための工夫を施すことである（大野，1978）。JITや自働化をベースとしたTPSは「リーン生産方式」として世界的に普及した（Womack et al., 1990）。

(2)　制約条件の理論

　経営工学分野におけるSCMは，TPSなどの日本的なモノづくりをベースとする一方で，米国を中心として情報技術（Information Technology：IT）を活用しながら，制約条件の理論（Theory of Constraint：TOC）によって体系化された（圓川，2009）。TOCとは，サプライチェーンをシステムとして捉えて，「システムの目的達成を阻害する制約条件を見つけ，それを活用・強化するための経営手法，およびその支援ソフトとしてのSCM製品のことであり」（圓川，1998），もともとは，イスラエルの物理学者であるE. M. ゴールドラットが提唱した改善方法である（Goldratt and Cox, 1986）。ゴールドラットは，

8　「トヨタ生産方式詳細解説　3．トヨタ生産方式の2つの柱」『トヨタ自動車75年史』（ウェブサイト版）より。

9　「トヨタ生産方式詳細解説　3．トヨタ生産方式の2つの柱」『トヨタ自動車75年史』（ウェブサイト版）より。

10　「トヨタ生産方式詳細解説　3．トヨタ生産方式の2つの柱」『トヨタ自動車75年史』（ウェブサイト版）より。

1984年に発表した小説，『ザ・ゴール』の中で，苦境に立たされた米国の製造業の奮闘ぶりを描きながら，TOCの考え方を説明した。1980年代の米国は，つくったものを売るという大量生産・大量販売に基づく経営のままであり，製造業の空洞化を招いていた（圓川，1998）。TOCの目指すものはサプライチェーンの全体最適であり，そのボトルネック，すなわち制約条件を見つけ出すことから始まる。「『鎖の強度は一番弱い輪の強度と同じ』という古い格言は，力学的システムだけでなくビジネスの世界にもあてはまる」（Fine,1998）。最も強度の弱い輪を見つけ出し，そこを強化することが鎖全体の強度を上げることにつながる。また，圓川（1998）は，サプライチェーンをむかで競争にたとえているが，チームの一番足の遅い人の総力がチーム全体の走力を決定するという。そのために，チームのメンバーの歩調を同期化させることがゴールするためには必要となる。

　TOCは「部分最適の総和は，全体最適とはならない」ことを強調しており，コストの世界からスループットの世界へと評価基準の転換の必要性を訴えた（圓川，2009）。前者は，サプライチェーンの各工程のコストを最小にすれば，全体のコストは最小になるという発想である。しかし，ボトルネックではない工程がコスト削減を目指して，可能な限り稼働したとしても，他の工程がそのペースに追い付かなければ意味がない。後者のスループットの世界では，個々の最適化の総和は全体の最適化にならない。スループットとは，企業に流入する正味のキャッシュフローから資材費を引いたものである（圓川，2009）。TOCにおける企業のゴール（目的）は利益を得ること，すなわちスループットの増大である。コストをいくら下げたとしても，売上高につながらなければ意味がないのである。

　サプライチェーンの全体最適にとって，制約条件となっているボトルネックを発見し，それを徹底的に改善するとともに，ボトルネック以外の工程がボトルネックに歩調を合わせるようにする。その解決策がドラム・バッファー・ロープ（DBR）である。ゴールドラットの小説の中では，ボーイスカウトのハイキングの場面において，隊列が足の遅い少年の歩くリズムに合わせ（ドラ

ム），その少年の前を歩く少年との距離を少し空けて（バッファー），先頭の少年が先に行きすぎないように歯止めをかける（ロープ）ことの重要性が描写されている。TOCでは，DBRを含めた以下の5つの改善ステップを提示している（圓川，2009）。

① 制約条件を特定する。

② 制約条件を徹底的に活用する。

③ 制約条件以外を制約条件に従属させる。

④ 制約条件の能力を向上させる。

⑤ 惰性に気をつけながらステップ①に戻る。

1つのボトルネックを克服すると，また他の工程がボトルネックになる可能性があるが，上記のプロセスを繰り返し行うことによって，全体最適へと導くのである。

以上，経営工学におけるサプライチェーンの考え方の基礎となっているTPSとTOCは，それに至るまでのプロセスは異なる点もあるが，サプライチェーンの全体最適化を重視している点で共通している[11]。

1.3.2　商学におけるサプライチェーン

(1)　パワー・コンフリクト論

商学におけるマーケティング・チャネル論は，チャネルをどのように管理，運営していくかという問題を研究の焦点としている。従来のマーケティング・チャネル論において，主流となるアプローチを形成してきたのは，パワー・コンフリクト論であった。Stern and Brown（1969）に端を発して，1970年代から1980年代前半にかけて，パワー（交渉力）とコンフリクトに注目した研究が進められてきた（Gaski, 1984）。マーケティング・チャネルは，互いに独立した複数の企業によって構成されている。パワー・コンフリクト論では，取引企業間のパワー格差とその発生構造，あるいはパワーに基づくコンフリクトの抑

11　例えば，両者の異なる点として，TOCではスループットを重視しているが，TPSにおける改善はあくまでもコストダウン，ムダの排除である。

制が議論の対象とされてきた。すなわち，取引企業間のパワー構造の非対称性
を前提としており，流通系列化のように，パワーを持つ企業（例えば，大手
メーカー）が取引相手（例えば，中小流通業者）を有効にコントロールするこ
とで，チャネルを安定させるのである。独立した企業が構成するチャネルにお
いて，発生した企業間のコンフリクトをパワーによっていかにして抑制し，
チャネルシステム全体を望ましい方向へと導くかという問題を取り扱う（石井，
1983）。パワーの発生構造については，関係に注目するものと，パワー資源に
注目するものがある。前者は取引依存度によって把握することができる。特定
の取引先への依存度がその企業に対するパワーを規定している。他方，後者は
パワーの源泉としての資源に注目している[12]。しかし，このようなパワーに基
づくコンフリクトの抑制の可能性については，結果は一様ではないという実証
結果が得られている（Lusch, 1976）。

　パワー・コンフリクト論の問題点として，以下の2つを指摘することができ
る。

　第一に，「駆け引きとパワー・ゲームに満ち溢れた否定的なチャネル像のみ
に注意を払うあまりに，結果的にチャネルが生み出す順機能的な部分を軽視す
る結果をもたらした」（崔，2010）。すなわち，コンフリクトの抑制に分析の焦
点が集中しており，協調的関係の構築については，積極的に議論の対象とされ
てこなかった。

　第二に，チャネルを管理するリーダーの存在を前提としており，取引企業間
のパワー格差に基づいて，理論が構築されている。しかし，1980年代以降の大
手流通業者の台頭によって，これまで，チャネルのリーダー的存在であった大
手製造業者と対等なパワーを有する企業が出現した。このようなパワーのシフ
ト，あるいはパワーの拮抗状態に対して，パワー・コンフリクト論は有効でな
いアプローチであったといえる。

　12　代表的な見解として，報酬のパワー資源，制裁のパワー資源，情報と専門性のパワー資源，
正統性のパワー資源，一体化（同一性）のパワー資源の5つが挙げられる（石井，1983）。

(2)　協調的関係論

　次に台頭してきたアプローチは，協調的関係論である。1980年代後半から注目されはじめたこのアプローチの背景には，サプライチェーンの川上に位置する大手メーカーから，川下に位置する大手小売業へのパワー・シフトが存在していた。最終消費者にダイレクトに接する機会の多い小売業は顧客情報や実需情報に基づくマーケティング活動を展開することによって，次第に取引相手に対するパワーを高めていったからである（崔・石井，2009）。1980年代後半から現在に至るまでのチャネル研究の主要な成果のほとんどは協調的関係論に包摂されているといえるが，協調的関係論は，「チャネルメンバー間の持続的相互作用の結果として捉える立場」と，「取引コスト論の流れに基づいて，取引関係を統御するメカニズムを設計することで協調的関係を築く立場」の2つのパターンに分類される（崔，2010）。

　第一の立場では，取引企業間のコンフリクトを，パワーで抑制することによって，チャネルの安定化を図るというよりも，信頼とコミットメントによって長期的で安定した協調的関係の構築を目指す（高嶋，1994；崔，1997）。例えば，1990年代半ばから注目されはじめた製販統合や製販同盟が挙げられる（高嶋，1996；石原・石井，1996）。大手同士のメーカーと流通業者は，駆け引きや対立ではなく，パートナーシップによる協調的関係の構築によって，互いに何らかのメリットを得るというWin-Win関係の構築を目指した。

　第二の立場では，取引コスト論の文脈において，協調的関係論が議論されている[13]。具体的には，取引特殊投資から発生する機会主義的行動を防ぐための統御メカニズムについて考察している。例えば，Heide and John（1988；1990；1992）は，統御メカニズムとして，取引企業間における相殺投資，取引先との共同行動，関係的規範の養成などを指摘している。また，Heide（1994）は，機会主義的行動から発生する取引コストを抑制するための統治機構を，市場的統治，一方的・階層的統治，双務的統治の3つに分類した。伝統的な経済

　13　取引コスト論については，第3章において詳述する。

学に基づく市場取引に相当する市場的統治や，パワー格差を前提とした支配・
被支配関係に該当する一方的・階層的統治よりも，信頼とコミットメントに基
づく協調的関係を意味する双務的統治のほうが，取引コストの削減を実現でき
ると指摘している。

　しかし，製販統合などの協調的関係の実現は容易ではない。なぜならば，連
携する企業は，共通目標の実現や協働による利益の増大よりも，個々の利害を
めぐる対立に陥るからである。確かに，大手小売企業の台頭などによって，取
引企業間のパワー・バランスは拮抗状態になり，取引関係の対等性や安定性に
基づいて，目標の共有や成果の拡大を目指すことが重要視されるようになった。
しかし，現実は売買関係からの対立も存在し続けており，利益などの成果分配
の際は，対立関係が前面に出る。チャネルパワーを考慮していない長期継続的
協調関係の議論は理想論であるという指摘もある（崔・石井，2009）。さらに，
パワー・バランスが取れていたとしてもコンフリクトが発生しないとも限らな
い。パワー・バランス状態でのコンフリクトは，パワー・インバランス状態で
のコンフリクトよりも破滅的になりかねない（Stern and Reve, 1980）。流通
系列化から製販統合へという現実の取引制度や取引慣行の変化や，パワー・コ
ンフリクト論から協調的関係論へという学問的なパラダイムシフトに直面して
いる状況ではあるが，依然として流通系列化が機能している業界や，従来のま
まではないが，部分的に流通系列化が根底にある業界も少なからず存在してい
る。すなわち，協調的関係論が主流であったとしても，パワー・コンフリクト
論から協調的関係論へというパラダイムシフトによって，現実を把握すること
はあまりに単純すぎるという指摘もある[14]（崔・石井，2009）。

1.3.3　狭義の経営学におけるサプライチェーン

(1)　系列取引

　経営戦略や経営組織，組織間関係を主たる研究対象としてきた狭義の経営学

14　協調的関係論の問題点として，特定の取引先との緊密な連携が他の取引先の候補との関係
の排除につながることによるデメリットも大きいという指摘がある（崔，1997）。

において，サプライチェーン研究の起点となっているものは，系列取引，特にタテの系列や垂直的系列と称される取引である[15]。垂直的系列とは，「企業が商品の生産・流通に要する諸活動において川上・川下に位置する企業と築いている緊密な関係を指す」（武石・野呂，2017）。垂直的系列は，日本企業の1980年代の成功要因でもあり，1990年代の失敗要因でもあったと指摘された（ウェストニー・クスマノ，2010；Lincoln and Shimotani，2010；武石・野呂，2017）。系列は多義的な用語であり，研究者によってさまざまな意味で用いられてきた。狭義の意味では，「出資，役員派遣，資金援助などのつながりを持つ企業間の関係」として用いられた一方で，広義の意味では，「長期的で協力的な関係，つまり，短期的で協力的でない（arm's length＝一定の距離をおいた）関係と対比される関係にあるもの」とされた（武石・野呂，2017）。例えば，自動車メーカーの協力会に属するサプライヤーを系列と見なすこともできる。

　1980年代において，日本の自動車産業を中心として議論されてきた企業間関係の強みや競争優位性の要因として指摘されてきた系列取引は，後者の意味で把握されている（浅沼，1984a；1984b；藤本，1998；Womack et al.，1990；Dyer，1996；武石，2003）。また，藤本（2002）は，系列を「発注企業による部品サプライヤーへの出資と役員派遣や，そうした資本的・人的関係に基づく関係の継続」と定義づけており，その系列と後述する日本型サプライヤー・システムを混同せずに，機能論的には両者を峻別すべきであり，出資関係や役員派遣がなくても，日本型サプライヤー・システムを成立させることは可能であると主張している。

(2)　サプライヤー・システム研究

　戦後の日本において，自動車部品のサプライヤー・システムは，1950年代から1980年代にかけて徐々に形成されて，日本の自動車産業の国際競争力を支え

15　系列には，企業集団などのヨコの系列，もしくは水平的系列と，生産・流通における緊密な連携関係のタテの系列，もしくは垂直的系列などが含まれる（鶴田，1992）。本章で取り上げる系列は後者であり，その中でも，生産に関する系列（生産系列）を対象とする。

る要素となってきたという（藤本，2002）。その競争力に注目し，日本のサプライヤー・システムを部分的に導入する動きが欧米で見受けられた（Dyer, 1996；Liker and Choi, 2004）。

　藤本（1997）は，自動車産業に代表される日本の部品調達システムの特徴を日本型サプライヤー・システムと称し，その三種の神器として，「長期継続的取引」，「少数サプライヤー間の能力構築競争」，「一括発注型の分業パターン（まとめて任せること）」を指摘している（藤本，1995；1997）。これらが相互補完的に組み合わされてトータルなシステムとして，競争力が発揮されてきた。第一に，長期継続的取引によって，「協調的関係の形成（裏切りの防止）や取引企業間の情報共有を促進し，それが『企業間問題解決メカニズム』を通じて，システム全体の改善，あるいは動態的な国際競争力の向上をもたらす」（藤本，2002）。第二に，自動車メーカーからの受注を獲得するために，比較的少数のサプライヤーが，価格競争というよりもサプライヤー間の切磋琢磨によって，部品のコストや品質の改善のための能力構築競争を繰り広げる。これは，見える手による競争や顔の見える競争とも称される（伊丹・千本木，1988；伊藤，1989）。第三に，一括発注型の分業パターン（まとめて任せること）とは，「発注企業が相互に関連した活動（部品加工とサブ組立，製造と検査，生産と開発など）を一括してサプライヤーに外注化すること」である（藤本，2002）。例えば，承認図メーカーなどの複数の仕事を任されるサプライヤーは，長期的に「まとめ能力」を向上させることができる。サプライヤー・システムにおける一連の研究については，第2章においてさらに詳しく検討する。

1.4　トヨタグループにおけるサプライチェーン

1.4.1　トヨタ自動車の設立

　本書では，日本の自動車産業と電機産業を研究対象として，最終製品を組み立てるアセンブラーと部品を供給するサプライヤーの間における付加価値の創

造・拡大や分配について考察するが，特に日本を代表する自動車メーカーであるトヨタ自動車に注目して議論を進める。

　トヨタ自動車（以下，トヨタ）を中心とするトヨタグループは，日本を代表する発明王である豊田佐吉によって，その礎が築かれた[16]。1867年，遠江国（現在の静岡県湖西市）に生まれた豊田佐吉は，家業の大工仕事を手伝う傍ら，機織り機の発明に注力し，数多くの特許を取得した。最初は手織り機を発明したが，その後は動力織機の開発を目指した。1894年に発明した糸繰返機を販売し，動力織機の開発に取り組むために，1895年に豊田商店を設立した。これがトヨタグループの起源である。1918年，佐吉は織機の開発のためには，良質な織布が必要という考えに至り，豊田紡織を設立して，1924年には無停止杼換式豊田自動織機（G型自動織機）を完成させた。1926年にはG型自動織機を量産するために，豊田自動織機製作所（現在の豊田自動織機）を設立した。1933年には，佐吉の長男の豊田喜一郎が中心となって，社内に自動車製造のための部署を設置し，1937年にはトヨタ自動車工業（以下，トヨタ自工，現在のトヨタ自動車）としてスピンオフした[17]。

　図1.1は，トヨタの自動車生産台数の推移を表している[18]。1937年のトヨタ自工設立時では，国内生産が約4,000台であった。翌年に挙母工場（現在の本社工場）が操業を開始した。1959年には日本初の乗用車専門工場である元町工場が操業を開始し，国内の生産台数は飛躍的に伸びていった。海外生産は1980年代に入ってから本格化した。1980年では，国内生産台数約329.3万台，海外生産台数約8.4万台であったが，1980年代後半の北米現地生産，1990年代の欧州現地生産，2000年代初めには中国での本格的な現地生産をそれぞれ開始し，

16　以下の記述は，基本的に『トヨタ自動車75年史』，『挑戦　写真で見る豊田自動織機の80年』，下野（2017），横山・下野（2020）に基づいている。

17　豊田自動織機とトヨタ自動車のように，「新たなビジネスシステムが最終的には既存企業内には構築されず，別法人として構築・設置されてきた数多くの事例をみてとることができる」（吉村・加護野，2016）。こうした手法を「分社化」，あるいは「コーポレート・スピンオフ」という。

18　この自動車生産台数にはレクサスブランドは含むが，グループ会社のダイハツ工業，日野自動車の生産台数は含まない。

図1.1 ▶ ▶ ▶ トヨタの生産台数の推移

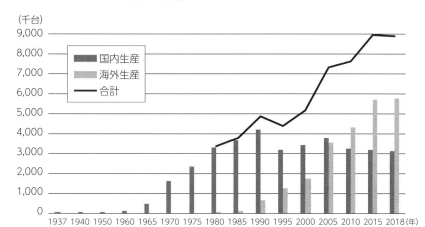

出所：トヨタの会社案内パンフレットに基づき筆者作成

2005年には国内生産台数が約379万台に対して，海外生産台数も約357.1万台と匹敵する規模となった。2018年では，国内生産台数約314万台，海外生産台数約575万台，合計約889万台となっており，事業規模や収益性においても世界を代表する自動車メーカーの1つとなっている。

1.4.2　トヨタグループの範囲

　トヨタは，1950年の労働争議，2000年代後半のリーマンショック，米国や日本で発生した品質不具合問題などの経営危機に陥ったこともあったが，持続的に成長し続けて，日本を代表するグローバル企業の1つとなった[19]。

　その持続的な競争力は，トヨタ単体というよりもトヨタグループの結束力に

19　第二次世界大戦後，経済安定化政策（ドッジ・ライン）や自動車生産・販売の自由化が進められる中で，多くの自動車メーカーは深刻な資金不足や赤字に陥り，人員整理に対する労働争議が起こった。その混乱を回避するために，1950年4月にトヨタ自工の販売部門を分離独立して，トヨタ自動車販売（以下，トヨタ自販）が設立された。しかし，事態は好転せず，人員整理が行われ，豊田喜一郎が社長を辞任し，豊田自動織機製作所の石田退三社長がトヨタ自工の社長も兼務することになった（『トヨタ自動車75年史』（P.115～121）より）。

　よってもたらされているといえる。しかし，トヨタグループといっても，その定義や範囲はさまざまである。坂本・下谷（1987）は，公式的なトヨタグループ，関係会社（資本連関），協豊会企業（生産連関）の3つの側面からトヨタグループの実態を把握している。佐藤（1988）も同様に，トヨタグループを，歴史的発展過程から緊密な関係にあるグループ，財務報告書による子会社・関連会社によって占められるグループ，機能別かつ協力工場的関係にある会社によって占められるグループに分類している。

　表1.1は，トヨタが公式的に自社のグループとして認識している企業の一覧である。2019年現在，16社がトヨタグループに属している。自動車以外の業種の企業も含まれているが，ほとんどは自動車関連の企業である。豊田自動織機からトヨタや愛知製鋼がスピンオフし，さらにはトヨタからデンソーやトヨタ車体，アイシン精機などのサプライヤーがスピンオフしており，公式的なトヨタグループには，資本的・人的なつながりが深いグループ企業が多数含まれている。

　関係会社（資本連関）とは，株式所有の関連からトヨタグループを把握したものである。1985年6月時点では，トヨタの関係会社は161社であったが（坂本・下谷，1987），2019年3月期の有価証券報告書では，トヨタの連結子会社は608社，持分法適用関連会社は63社であり，合計671社の関係会社を有している。特に，事業のグローバル化に伴って，海外における関係会社が急増している。ただし，このような関係は，株式所有に基づく関係会社の管理統制を強調したものに過ぎないという指摘もある（佐藤，1988）。

　企業グループは，人的交流や資本的な側面だけでなく，事業の関連性からも説明することができる。サプライチェーンを構成する企業間のつながりという意味では，協豊会企業（生産連関）というグループが最も実態を表しているといえる。協豊会とはトヨタに対して自動車部品を供給する企業で組織化されている協力会である[20]。1980年代半ばでは，171社が協豊会に属していたが（坂

20　協豊会については，第3章で詳述する。

表1.1 ▶ ▶ ▶ トヨタグループに属する企業

企　業	事業内容	設立期	設立の経緯
豊田自動織機	繊維機械，自動車，産業車両の製造・販売，物流事業	1926年11月	豊田佐吉による設立
愛知製鋼	鋼材，鍛造品，電磁品の製造・販売	1940年3月	豊田自動織機から分離独立
ジェイテクト	工作機械，自動車用部品の製造・販売	2006年1月	1926年設立の光洋精工と1940年にトヨタから分離独立した豊田工機が合併
トヨタ車体	乗用車，商用車，特殊車のボディーおよび部品の製造	1945年8月	トヨタから分離独立
豊田通商	各種物品の国内・輸出入・外国間取引	1948年7月	1936年に豊田自動織機が設立したトヨタ金融が起源
アイシン精機	自動車部品，住宅設備機器，エネルギー機器，福祉機器の製造・販売	1965年8月	トヨタの航空機部を起源とする東海航空機とその兄弟会社の東新航空機が合併
デンソー	各種電装用品，空調設備，一般機械器具，電気機械器具の製造・販売	1949年12月	トヨタから分離独立
トヨタ紡織	自動車用内装製品，フィルター，パワートレイン機器部品等の製造・販売	1950年5月	トヨタから分離独立した豊田紡織が，2004年にアラコ，タカニチと合併
東和不動産	不動産の所有・経営・売買・賃借	1953年8月	トヨタ，豊田自動織機，豊田通商が出資して設立
豊田中央研究所	総合技術の開発，利用に関する各種の研究・試験・調査	1960年11月	トヨタグループの9社による出資によって設立
トヨタ自動車東日本	乗用車，商用車，福祉車，自動車部品などの製造	2012年7月	関東自動車工業がセントラル自動車，トヨタ自動車東北と合併
豊田合成	ゴム・プラスチック・ウレタン製品，半導体，電気・電子製品等の製造・販売	1949年6月	トヨタから分離独立
日野自動車	トラック，バス，小型商用車，乗用車，各種エンジン，補給部品等の製造・販売	1942年5月	日野重工業株式会社として設立 1966年，トヨタと業務提携
ダイハツ工業	乗用車，商用車，特殊車および部品の製造・販売	1907年3月	発動機製造株式会社として設立 1967年，トヨタと業務提携
トヨタホーム	住宅の技術開発，生産，販売，建設，アフターサービス	2003年4月	トヨタの住宅事業部を起源として分離独立
トヨタ自動車九州	自動車およびその他部品の製造・販売	1991年2月	トヨタの100%出資によって設立

出所：各社のアニュアルレポート，有価証券報告書などに基づき筆者作成

本・下谷，1987），2019年現在では229社に増加している。もちろん，トヨタは協豊会以外のサプライヤーからも部品を調達している。さらには，トヨタに直接部品を供給する一次（ティア１）サプライヤーに部品や原材料を供給する二次（ティア２）サプライヤーも存在する。2019年における実際の取引実績については，公式的なトヨタグループ（トヨタ自動車と主要関連会社・子会社の計16社）と直接的に取引関係のある一次サプライヤーは6,091社，間接的に取引関係のある二次サプライヤーは32,572社となっている[21]。

1.4.3　トヨタグループの結束力

　トヨタグループの結束力は，グループ全体に浸透している経営理念や組織文化によっても生み出されているといえる。経営理念は，組織の目的についての理念（この企業は何のために存在するのか）と，経営行動の規範についての理念（あるべき経営のやり方や人々の行動）で構成されている（伊丹・加護野，2003）。1930年，トヨタグループの始祖である豊田佐吉が63歳の生涯を閉じた。その５年後の命日に，娘婿で初代トヨタ自工社長の豊田利三郎や佐吉の長男である豊田喜一郎らによって，佐吉の遺訓が「豊田綱領」としてまとめられた。豊田綱領は，トヨタグループの経営理念として，従業員に対する行動指針や精神的支柱としての役割を果たしている。特に，「上下一致」，「温情友愛の精神」，

豊田綱領

一、上下一致，至誠業務に服し，産業報国の実を挙ぐべし

一、研究と創造に心を致し，常に時流に先んずべし

一、華美を戒め，質実剛健たるべし

一、温情友愛の精神を発揮し，家庭的美風を作興すべし

一、神仏を尊崇し，報恩感謝の生活を為すべし

出所：『トヨタ自動車75年史』（P.41）

21　『「トヨタ自動車グループ」下請け企業調査（2019年）』（株式会社帝国データバンク）より。

「家庭的美風」は，従業員レベルや企業レベルの協力を強調するものであり，グループとしての一体感や結束力の重視が表れている（佐藤，1988）。

　一方，組織文化とは，「組織構成員によって共有された価値，規範，信念の集合体と定義される」（加護野，1988）。メンバーが共有するものの考え方やものの見方である。トヨタグループでは，企業の垣根を越えてグループ全体として，組織文化が「トヨタウェイ」として共有されている（Liker, 2003）。Liker（2003）はトヨタウェイを14の原則にまとめており，その特徴を，①長期的考え方，②正しいプロセスが正しい結果を生む，③人とパートナー企業を育成して会社の価値を高める，④継続して根本問題に取り組んで組織的学習を行う，という4つに分類している。

　2019年5月8日に行われた2019年3月期の決算説明会において，トヨタの豊田章男社長は，CASEと呼ばれる新しい技術の登場によって，既存のビジネスシステムが変革を迫られており，自動車産業が直面している大変革の時代を乗り越えていくために必要な考え方について，以下のように述べている[22]。

> これからは「仲間づくり」がキーワードになります。
>
> 従来のような資本の論理で傘下におさめるという考え方では本当の意味での仲間はつくれないと思います。
>
> 「どんな未来を創りたいのか」という目的を共有し，お互いの強みを認め合い，お互いの競争力を高め合いながら，協調していくことが求められると思っております。
>
> 私たちトヨタで言えば，地球環境に優しく，交通事故のない社会，

22　CASEとは，Connected（つながる車），Autonomous（自動運転），Shared/Service（シェア/サービス化），Electric（電動化）という新しい自動車技術を指す（日本経済新聞2019年7月25日）。

全ての人が自由に楽しく移動できるFun to Driveな社会
の実現を目指してまいります。

私たちが求める未来は，トヨタだけでは創ることができません。
だからこそ，志を同じくする仲間を広く求めていくのです。

出所：トヨタの2019年3月期決算説明会資料（社長メッセージ）より

　近年，自社内だけでなく，企業の外部にある経営資源を有効に活用すること
によって，新しい技術や知識を創造しようとするオープン・イノベーションと
いう考え方が注目されている（Chesbrough, 2003）。ただし，単に自前主義か
ら外部依存へとシフトすればよいわけではなく，オープン・イノベーションの
進め方が重要となる。従来，トヨタは協力工場やサプライヤーとのグループ化
を進めることによって，サプライチェーンを構築してきた。トヨタの仲間づく
りに対する考え方は，これまでのサプライチェーンの構築プロセスに醸成され
ていると考えられる。もちろん，今後のCASE時代における仲間づくりは，こ
れまでの延長線上にあるとは限らない。しかし，これまでの仲間づくりのよい
点は残しながら，新たな時代の仲間づくりへと昇華させていくことが重要であ
る。

1.5　本書の構成

　本章の構成は以下のとおりである。
　第2章では，狭義の経営学におけるサプライチェーン研究の中心となってい
るサプライヤー・システムに関連する先行研究をさらに概観する。これまで，
製造業を対象としたサプライチェーン研究は，サプライヤー・システムとして
議論が展開されてきた。特に，取引コスト論は企業間取引や組織間関係におい
て支配的な理論の1つである。その取引コスト論に基づいてさまざまな研究が
展開されてきた（Williamson, 1975；1985；1996）。本書では，浅沼（1997）

の関係的技能の研究，Helper and Sako（1995）などの組織的信頼の研究，藤本（2001a）を中心とした製品アーキテクチャの研究を紹介する。

第3章では，サプライチェーン研究のための新たな分析の視点を提示する。従来のサプライヤー・システム研究において，あまり議論されてこなかった視点を指摘する。具体的には，付加価値の創造と分配に関する視点と，サプライチェーンにおける売り手の視点である。これらの視点を加えることによって，第4章以降のための分析枠組みを提示する。

第4章では，日本の自動車産業と電機産業を対象として，完成品組立メーカー（アセンブラー）と部品供給メーカー（サプライヤー）との間における利益やリスクの分配メカニズムを比較する[23]。

第5章では，トヨタグループ（トヨタとトヨタ系サプライヤー）と日産グループ（日産自動車と日産系サプライヤー）における利益とリスク分配メカニズムを比較し，同じ日本の自動車産業に属している両グループでありながら，そのメカニズムの違いやその要因について考察を加える。

第6章では，トヨタグループと日産グループのサプライチェーンの変化について考察する。第5章では，両グループにおける1990年代までの利益やリスクの分配メカニズムを明らかにしたが，2000年代以降，それらのメカニズムはどのように変化したのか，あるいは変化していないのか，という問いについて分析する。

第7章では，トヨタグループに属するサプライヤー，小糸製作所の事例研究を通じて，売り手であるサプライヤーの顧客範囲の拡大プロセスを明らかにし，サプライヤーによる付加価値創造プロセスについて考察する。

第8章では，財務データに基づく分析や事例研究からの発見事実を整理し，サプライチェーン研究に対する理論的な意味，ならびに今後の研究課題を提示する。

23　第4章から第7章までの研究方法については，各章において個別に説明する。なお，事実関係の確認については，新聞・雑誌記事，社史などの公刊資料，および筆者がこれまでに実施してきたインタビューデータを部分的に活用している。

第 | 2 | 章

サプライヤー・システム研究の流れ

2.1 サプライヤー・システムは取引コストで決まる

2.1.1 取引コストとは

　狭義の経営学では，サプライヤー・システムと称される分野において，商学では，マーケティング・チャネル論を中心として，垂直的な企業間取引関係や企業間協働について論じられてきた。両分野では，O. E. ウィリアムソンらが提唱した取引コスト論を中心に議論が展開されてきた。現在においても，取引コスト論は企業間関係研究における支配的なアプローチの１つである。

　取引コスト論とは，自社で製造するか，あるいは外部から購入するか，いわゆるmake or buyとして，企業の境界決定問題について論じられてきた。企業の境界についての議論は，Coase（1937）によって開始され，Williamson（1975；1985）によって発展されてきた。本来，取引コスト論は市場において価格メカニズムによって行われるはずの取引が，なぜ組織内の権限による調整によって行われるのかという問題について考察している。

　取引コストとは，取引相手の探索や取引相手の評価や管理など，取引に関わる事前的，事後的に必要とされる費用のことである。取引コストの大きさは，２つの人間的要因と４つの環境的要因によって決まる。まず，人間的要因とし

て，「限定された合理性」と「機会主義」の2つを議論の前提としている。すなわち，事前にすべての事象を契約に加えることは不可能であり，また，人間はホールドアップ問題などによって，利己的な行動をするものであると認識している。他方，取引コストは，「資産特殊性」，「取引頻度」，「取引期間」，「複雑性」という4つの環境的要因に依存する。例えば，資産特殊性が高くなれば，機会主義的行動を受けないようにするための交渉や調整が必要となり，取引コストも高くなる。企業は市場と組織における取引の総費用をそれぞれ比較することによって，費用の少ないほうの取引を選択する。取引相手を探す費用や交渉のための費用，機会主義的行動を防ぐ費用などの市場取引を利用するための費用が大きい場合は，組織内取引を行うほうが効率的である。

　その後の研究では，市場と組織の二分法ではなく，両者の中間領域に位置する中間組織という取引形態が加えられた（Williamson, 1985）。中間組織とは，組織間での継続的な取引のことであり，戦略的提携や系列，企業集団などを指す（今井他，1982）。

2.1.2　取引コストとガバナンス構造

　取引コスト論では，どのような状況の下で，どのようなガバナンス構造を選択すれば，取引コストを最小化することができるかについて考察している。すなわち，資産の特殊性，不確実性，取引頻度で表される取引の性質が異なれば，それに適したガバナンス構造も異なる。Williamson（1985）は，Macneil（1978）が提示した3つの契約（古典的契約，新古典的契約，関係的契約）とガバナンス構造を対応させて，取引の属性に応じた効率的なガバナンス構造を考察している。

　第一に，不確実性が中程度の場合，非特殊的な投資では，取引頻度に関係なく，古典的契約ベースの市場取引が選択される。市場取引に対応した古典的契約では，事前の契約を重視し，法的なルールに基づいた公的な文書として認識される。製品やサービスの標準化が進んでいる場合は，他の取引主体へのスイッチングコストがかからず，事前に明文化された契約ベースによって，取引

の調整を容易に行うことができる。

　第二に，投資が特殊的か混合的で，取引頻度が散発的な場合は新古典的契約に基づくガバナンス構造となる[1]。新古典的契約とは，不確実性が高い状況で，将来起こりうるすべての事柄を契約として明記することが困難な場合，取引を継続させるが，付加的な統御機構を考えて，以前とは異なった契約関係を工夫することである。例えば，契約関係の工夫として，第三者による介入や支援などによる紛争の解決や業績の評価が挙げられる。

　第三に，投資が特殊的か混合的で，取引頻度が頻発的な場合，すなわち，長期継続的な関係の中では，関係的契約が結ばれる。関係的契約とは，契約の継続期間と複雑性の増大によって，新古典的契約よりも，取引特定的，継続的，管理的な側面がより徹底された契約である。取引が反復的で関係特殊的投資が必要でない場合は，市場取引が選択されるが，取引が反復的でかつ特殊投資が必要な場合は，機会主義的行動を避けるためにも，関係的契約が適している。関係的契約に基づくガバナンス構造は，二者間ガバナンスと統合ガバナンスに分類される。取引への特殊投資が中程度の場合は，二者間ガバナンスに基づく継続的取引が選択されるが，関係特殊的投資がさらに増大すれば，統合ガバナンスに基づく組織内取引が選択される。

　上述したように，Williamson（1985）では，取引コストを節約するためのガバナンス構造を指摘したが，Williamson（1996）では，市場型企業間関係，組織型企業間関係，ハイブリッド型企業間関係の3つのガバナンス構造にまとめて提示した。資産特殊性が低い場合は市場取引が，逆に高い場合は，組織内取引が効率的となる。また，資産特殊性が中程度の場合は，市場と組織の中間形態であるハイブリッド型が効率的なガバナンス構造となる。しかし，自動車部品に代表されるような生産財取引の場合，現実には，市場取引と組織内取引を両極とした中間に位置する取引がほとんどである[2]。したがって，取引コスト論におけるガバナンス構造の3つの分類では，多様な形態が存在するハイブリッ

　　1　Williamson（1985）は，このガバナンス構造のことを三者的ガバナンスと称している。

ド型企業間取引をさらに細分化して考えることは困難である。多様なハイブ
リッド型企業間取引におけるガバナンス構造を精緻化するための研究が必要で
ある。SCMの分野でも，1990年代初めに行われた研究は，バイヤー・サプラ
イヤー関係における取引コストの最小化が中心であった。しかし，その後の研
究の焦点は，より関係的なアプローチへと変化していったという（Tanner,
1999）。また，1990年代後半には，これまで支配的であった取引コスト論の代
替案として，新しいパラダイムを提案する研究へとシフトしていった（Hoyt
and Huq, 2000）。

2.2　サプライヤー・システムは関係的技能で決まる

2.2.1　関係的技能とは

　Williamson（1975；1979；1985）は，取引コストの観点から企業間取引の類
型とその統御構造の系統的な分析を行ってきた。浅沼萬理は，その一連の研究
を通じて，ウィリアムソンの議論をベースとして，長期継続的取引に関する理
論の精緻化を行ってきた。日本におけるサプライヤー・システム研究の萌芽と
して認識されている浅沼の研究は，従来の下請制の研究とは異なり，買い手企
業と売り手企業をそれぞれ親企業と下請企業とは呼ばずに，中核企業とサプラ
イヤーという用語を使用するなど，買い手企業の売り手企業に対する技術的優
位や，取引における主従関係をあまり強調していないといえる。浅沼は，日本
の自動車産業を中心として観察されてきた長期継続的取引を統御しているメカ
ニズムについて明らかにしてきた。すなわち，長期継続的な企業間取引は，中
核企業とサプライヤーとの間の需要やコストの変動リスクの吸収や，サプライ

2　例えば，米国では日本よりも市場取引の傾向が強いと認識されるが，実際の取引期間に
　は，日米に大きな差はなく，米国でも短期で取引相手を切り替えていく傾向が強いわけでは
　ない（Cusumano and Takeishi, 1991）。また，多くの国において，取引の継続性は，程度
　の差はあるが，観察されている（港，1992）。

ヤーの生産能力や適応能力の向上を可能にしてきた（浅沼，1997）。

　ウィリアムソンにおける議論は，すでに開発が終わり，最初の取引価格も決定済みの製品を対象としており，「取引期間中に起こるシステムの環境変動への調整様式」のみが扱われているという問題が指摘される。すなわち，製品1モデルのライフサイクル内における継続的取引を説明する枠組みを提供することはできるが，現行モデルのライフサイクルを超えて，次期モデルまでを含めた長期継続的取引については，説明するには不十分である。浅沼（1990）はその限界を補完するために，「関係的技能」という概念を提示した[3]。関係的技能とは，「サプライヤーが組織として持つ能力のうち，特定顧客のニーズまたは要請に効率的に対応して供給を行いうる能力」（浅沼，1994）のことである。具体的には，デザイン・インなど，次期モデルの開発にまで関与する能力やその製造を準備するためのプロセス構築能力，あるいは量産開始後のさまざまな調整能力を含む。このように，企業間の取引や協働に関する研究を開発段階にまで拡張したことも，サプライヤー・システム研究に対する浅沼の大きな貢献の1つである。

　浅沼の関係的技能は，ウィリアムソンの「取引特殊的資産」を発展させた概念であるが，以下の面で異なる

　第一に，上述したように，関係的技能は，現行モデルのライフサイクル内に留まらず，次期モデルにまで適用される。

　第二に，関係的技能には，特定顧客との取引が継続する中で「実行による学習」を通じて形成される部分（表層）と，一般性を持つ技術能力への投資を通じて形成される部分（基層）という2つの意味が含まれている。すなわち，関係的技能は完全に特定企業にしか通用しない技術ではなく，汎用性も併せ持っている。サプライヤーは，特定企業との取引にロックインされるわけではなく，ホールドアップ問題の危険に晒されるわけではない[4]。

　第三に，第二の特徴とも関連するが，取引特殊的資産は特定の中核企業のみ

　3　Asanuma（1989）や浅沼（1990）では，「関係特殊的技能」という言葉で表現されていたが，浅沼（1994）からは，「関係的技能」という言葉に変更されている。

に通用する設備や立地などを想定しているが，関係的技能は人的なノウハウに焦点を当てている。したがって，ある特定企業との取引で蓄積された技能であったとしても，他の中核企業との取引においても効果を発揮しうるものとして認識され，取引特殊資産よりも汎用性が高い。さらに，技術革新によって機械や設備の汎用性が高まるにつれて，人的ノウハウや顧客対応能力の向上の重要性が増している。

第四に，取引特殊的資産は，その特殊性の高低を両端としたスペクトラム上で測定されるが，関係的技能は後述するような4つの次元の能力で多面的に把握される。

2.2.2　貸与図方式，承認図方式，市販品方式

中核企業と長期継続的取引関係を構築しているサプライヤーは，基本的に中核企業からの高い評価を受けており，今後も取引を継続させるためには，高い評価を維持する必要がある。浅沼は，自動車部品取引において，中核企業であるアセンブラー（完成車メーカー）側の視点から，開発段階と製造段階で発揮しうるイニシアティブの程度（技術的主導性）の程度によって，サプライヤーとの取引関係を，**表2.1**のように，貸与図方式，承認図方式，市販品方式の3つに分類している[5]。

第一に，貸与図部品とは，「中核企業が供給する図面に従って外部のサプライヤーが製造する部品」である。貸与図方式では，中核企業であるアセンブラーが部品設計を行い，サプライヤーはその設計図を貸与されることによって部品製造を行う。言わば，アセンブラーの分工場的な役割を担っている。

第二に，承認図部品とは，「当のサプライヤー自身が作成し中核企業が承認

4　取引コスト論において取引相手がホールドアップ問題につけ込んで機会主義的行動をとることを防ぐ方法として，垂直的統合が挙げられる。あるいは，取引主体が互いの独立性を保ったままでも人質のメカニズムによって機会主義が抑制されることが指摘されている（Williamson, 1983）。

5　部品やサプライヤーのタイプ分けは，中核企業がその部品に関して蓄積した技術的知識や熟達の度合いによって，カテゴリーが異なる場合がある。

表2.1 ▶ ▶ ▶ 関係的技能に基づく企業間協働のタイプ分け

		貸与図方式	承認図方式	市販品方式
協働の仕方		アセンブラーが設計し，その設計図をサプライヤーに貸与	サプライヤーが設計し，アセンブラーがそれを承認	サプライヤーが設計，製造した部品を，アセンブラーが購入
関係的技能	製造・ルーティン	品質，納入	品質，納入	品質，納入
	製造・改善	合理化，VA	合理化，VA	
	開発・後期	工程改善，VE	工程改善，VE	
	開発・初期		デザイン・イン	
関係レント		小	大	なし
リスク吸収		大	小	なし

出所：浅沼（1997）に基づき筆者作成

する図面に従って外部のサプライヤーが製造する部品」である。承認図方式では，アセンブラーが部品設計の大まかな仕様を示して，サプライヤーはその仕様に沿った設計を行い，アセンブラーによって承認された設計に基づいて製造を行う。貸与図方式に比べて，サプライヤーは部品設計や開発能力が要求される。

　第三に，市販品とは，「特定の中核企業の意思に関係なく一般の買い手を対象として売り出されている財」である。自動車産業では，アセンブラーが市販品タイプの部品を購入することはほとんどない。

　それぞれの部品を供給しているサプライヤーに対して，求められる関係的技能の内容やレベルは異なる。浅沼（1997）は，開発の初期段階，開発の後期段階，製造段階におけるルーティン的なオペレーション，製造段階におけるプロセスの改善の4段階で比較している。

　まず，市販品サプライヤーの関係的技能として，品質と納期厳守への高い信頼性が挙げられる。市販品では，サプライヤーの開発・製造プロセスがブラックボックス化されている程度が高く，取引企業間の相互作用も少ないと考えられる。また，価格交渉については，中核企業は競争に依拠している。

　次に，貸与図サプライヤーに対しては，品質と納期に対する信頼性に加えて次の2つの能力が求められる。1つは，製造プロセスにおける合理化や量産段階における部品の設計改善提案，いわゆるVA（Value Analysis）提案能力である。もう1つは，中核企業からの試作部品の発注や価格提案に対して，中核企業が設定した仕様に適合させるための能力である。量産前における製造工程の設計や，VE（Value Engineering）提案能力が該当する。貸与図サプライヤーは，市販品サプライヤーよりも，アセンブラーとの相互作用が発生すると考えられる。

　最後に，承認図サプライヤーについては，貸与図サプライヤーに要求される能力に加えて，中核企業の仕様に合わせながら，時間内に首尾よく開発する能力が求められる。具体的には，デザイン・インなど，試作部品の設計，製作，テスト，中核企業の詳細で微妙なニーズを汲み取り，適応する能力であり，高度で複雑な相互作用が長期的に求められる。市販品サプライヤーの関係的技能は主としてルーティン的なオペレーションで構成されるが，貸与図サプライヤーの場合は，開発初期以外の3段階において関係的技能が求められる。さらに，承認図サプライヤーは，すべての段階において関係的技能が必要となる。

　浅沼（1987）は，Aoki（1980）の議論に基づきながら，関係的技能の概念を用いて，関係レントの議論の精緻化を図っている。中核企業との取引関係があるサプライヤーは，そうでないサプライヤーよりも，より大きな付加価値を生成しているはずであり，この付加価値の余剰分が関係レントに該当する。例えば，関係的技能が高く評価されているサプライヤーは，そうでないサプライヤーに比べてより多数の製品に部品を納入することができるかもしれないし，より需要の大きい製品への部品納入が可能となるかもしれない。このように，サプライヤーは，関係的技能の評価に応じたランクに基づいて，関係レントの分配を受けており，サプライヤーは，関係的技能を向上させることによって，中核企業からより高いランクを獲得しようとしている。

2.3　サプライヤー・システムは組織間信頼で決まる

2.3.1　組織間信頼とは

　企業間協働を分析する視点として，組織間信頼に注目した研究も少なくない。Sako（1992）は，信頼を「ある取引のパートナーである一方が，予測でき，たがいに受容可能な方法において対応もしくは行動するであろうとするもう一方についての期待である」と定義している[6]。Sako（1992）は，日本と英国の電機部品取引において，取引関係をACRとOCRという2つに分類している。ACR（Arm's-length Contractual Relations）とは，腕の幅だけ距離を隔てた取引関係のことである。ACRでは，互いの取引依存度は低く，取引期間も短くなる。契約を重視し，取引の書類も詳細に作られる。あまり緊密でない取引関係のことである。他方，OCR（Obligational Contractual Relations）とは，善意に基づいた取引関係のことであり，緊密な取引関係を表す。OCRでは，互いの取引依存度は高く，取引期間も長い。取引の書類は簡便なものであり，契約はあまり重視されない。Sako（1992）は日英比較に基づいて，英国のサプライヤーにはACR的な特徴があり，日本のサプライヤーには，OCR的な特徴が見られることを指摘している。

　1980年代における日本の自動車産業の競争優位性の源泉として，取引企業間の信頼が大きく影響していると指摘されてきた。長期継続的で緊密な取引関係を構築してきた日本の自動車部品取引について，Helper（1991）は，Hirschman（1970）のVoice/Exit分析に基づき，日本では，問題解決時には，取引相手を切り替えるExit（退出）ではなく，Voice（発言）をベースに行動していると結論づけた。情報交換も少なく，互いのコミットメントも低いExit

---

6　Sako（1992）は，信頼を「約束厳守の信頼」，「能力に対する信頼」，「善意に対する信頼」に分類している。また，Sako（1998）は，特に「善意に対する信頼」とパフォーマンスの関係を考察している。善意に対する信頼とは，公正に振る舞い相互に裏切ることはしないという期待のことである。

に対して，Voiceでは，コミットメントが高く，情報交換も頻繁に行われる。また，Helper and Sako（1995）は，取引関係における日米の違いが小さくなってきていることを指摘している。すなわち，米国サプライヤーが，ExitからVoiceへとシフトしているという[7]。ExitからVoiceへの移行が競争力獲得の重要な要素であるといえるが，Voiceをベースとした行動には，緊密なコミュニケーションが求められ，その背後には信頼が存在している。Sako and Helper（1998）は，日米の比較に関して，米国よりも日本のサプライヤーのほうが，アセンブラーを信頼していることを明らかにしている。つまり，米国サプライヤーは，米国アセンブラーに対して懐疑的であるが，日本のサプライヤーは，日本のアセンブラーを信頼している。

　信頼関係の構築は，取引コストの削減に影響を与えている（Sako, 1992）。取引相手から信頼できる情報を公開されることによって，その情報の信頼性を確保するためのコストの削減や約束を順守させるための強制コストの削減を達成することが可能となる。また，このような信頼の存在が，取引コスト以外のパフォーマンスにも影響を与えている。Sako（1998）は，信頼とコスト削減，利益マージン，JIT配送の実現，製品やプロセスの共同による持続的な改善の各パフォーマンスの関係について，自動車産業における日米欧比較を行っている。さらに，欧州は，英国，ドイツ，ラテン・カトリックに分類している[8]。信頼が高ければ，日本ではコスト削減，JIT配送，共同の改善に，米国では利益マージン，JIT配送，共同の改善に，英国ではコスト削減，JIT配送，共同の改善に，ドイツでは共同の改善に，ラテン・カトリックでは，JIT配送と共同の改善に結実していることを明らかにしている。

7　しかし，このシフトが完全に達成されたわけではなく，Exitの特徴は残されたままであったという指摘もある（MacDuffie and Helper, 2006）。

8　ラテン・カトリックの国として，イタリア，フランス，スペインを対象としている（Sako, 1998）。

2.3.2　企業間協働のHybridモード

　しかし，MacDuffie and Helper（2006）は，1990年代のExitとVoiceという対比では，現在のサプライヤー・システムを把握することが困難になっていると指摘する。競争のグローバル化，米国を中心として起こった脱垂直統合，製品アーキテクチャのモジュラー化，サプライヤー能力の供給過剰などが要因となって，サプライヤー・システムは変化しているという。Exitベースの企業は協力的な能力を発展させる必要があり，Voiceベースの企業は競争圧力をさらに活用することが求められる。すなわち，両者のHybridモードへと収斂しているといえる（**表2.2**）。Hybridモードは，Voiceと同様に長期的で関係的であるが，サプライヤーの選択に関しては，Exitのように新規サプライヤーに対してオープンであり，取引企業は競争圧力に直面することによって，ビジネスの停止も珍しいことではない。取引企業との資本関係の有無はケースバイケースである。取引のガバナンスは，暗黙の了解だけでなく，公式的な手続きや契約にも依存している。このような協働のHybridモードへの収斂が，サプライ

表2.2▶ ▶ ▶組織間信頼をベースとした企業間協働のタイプ分け

	Exit	Voice	Hybrid
関係	距離を置いた関係	長期的，関係的	長期的，関係的
取引先の範囲	新規サプライヤーに対してオープン	閉じられた潜在的サプライヤーの存在	新規サプライヤーに対してオープン（事前に綿密な調査あり）
選定方法	価格による競争入札	能力ベースの選定	競争による評価
開発におけるサプライヤーの役割	シンプル化された製品開発	サプライヤーも巻き込んだ開発	開発におけるサプライヤーの役割大
資本関係	資本関係なし	資本関係もあり	能力に依存した資本関係
ガバナンス	契約によるガバナンス	規範に基づくガバナンス	規範＋契約
手続きの特徴	成文化された手続き	暗黙的な手続き	契約による明示的な手続き

出所：MacDuffie and Helper（2006）に基づき筆者作成

チェーン，特に自動車産業におけるサプライチェーンで見受けられる。

　アセンブラーとサプライヤーとの緊密な協働を考慮すると，Hybridモードは，基本的に従来の日本企業のように信頼関係をベースとして構築されるであろう。しかし，米国企業の多くは，Exit型取引を維持しながら，日本企業のように協働を強化している。すなわち，部品調達などの取引のガバナンスレベルではExit型をとり，開発や製造などのタスクレベルではVoice型を形成することによって，信頼関係を構築していなくても，タスクレベルにおける企業間協働を実現するのである。Hybridモードには，従来の日本企業のような信頼に基づく協働と，米国企業のように，従来は，Exit型に基づくガバナンスメカニズムが機能していた企業において，信頼に依拠しない協働が存在する（**表2.3**）。これは，信頼は企業間協働の必要条件ではないことを意味する。信頼に基づかない協働は，信頼に基づく協働ほどのパフォーマンスは上げないであろうが，信頼に基づかない協働は直ちに消滅していくわけではないと，MacDuffie and Helper（2006）は推測している。

表2.3 ▶ ▶ ▶ 信頼と協働

	信頼に基づかない協働	信頼に基づく協働
従来の取引モード	Exit	Voice
ガバナンスレベル （部品調達）	敵対的，短期的	長期的，関係的
タスクレベル （製造，開発）	継続的な共同開発 相互依存的プロセス 関係維持のための努力：低	継続的な共同開発 相互依存的プロセス 関係維持のための努力：高
情報交換	ガバナンスレベル：低 タスクレベル：高	ガバナンスレベル：高 タスクレベル：高
信頼	ガバナンスレベル：低 タスクレベル：？	高

出所：MacDuffie and Helper（2006）に基づき筆者作成

2.4　サプライヤー・システムはアーキテクチャで決まる

2.4.1　アーキテクチャとは

　関係的技能や組織間信頼という視点から企業間協働を考察すると，日本の自動車産業における部品取引は欧米のそれとは異なった特徴を持っており，排他的あるいは閉鎖的と非難される面もあったが，その経済合理性や競争優位性についても盛んに議論されてきた（浅沼，1984a：1984b；1992；藤本，1995）。また，藤本（2002）は，このような部品取引関係を「日本型サプライヤー・システム」と称し，出資と役員派遣などの資本的・人的関係に基づく関係の継続という意味での系列と区別している。藤本（1995；1997）は，日本型サプライヤー・システムの特徴として，①長期継続的取引関係，②少数サプライヤー間の能力構築競争，③一括発注型の分業パターンの3つを指摘している。このような3つの特徴に基づいて，サプライヤーは，単に製造だけでなく，開発の一部にも参加するような承認図メーカーとして，関係的技能を蓄積していくことが可能になる。1990年代に入ると，サプライヤー・システム研究は，部品の調達段階だけに留まらず，製品開発段階にまでその研究対象を拡大することによって発展していくとともに，製品アーキテクチャ論という視点からも，活発な議論が展開されていった。

　アーキテクチャとは，「構成要素間の相互依存関係のパターンで記述されるシステムの性質」である（Ulrich，1995；青島，1998）。製品アーキテクチャとは，製品システムの基本的性質を決定する設計思想のことであり，「どのようにして製品を構成部品や工程に分割し，そこに製品機能を配分し，それによって必要となる部品・工程間のインターフェイス（情報やエネルギーを交換する「継ぎ手」の部分）をいかに設計・調整するかに関する基本的な設計思想」と説明される（藤本，2001a）。青島・武石（2001）によると，製品アーキテクチャは，製品機能を物理的構成要素に配分するパターンと，構成要素間の

インターフェイスのルール化の程度により，モジュラー型と統合型に分類される。モジュラー型とは，構成部品間の機能的独立性が高く，インターフェイスがルール化されている製品アーキテクチャのことであり，これに基づくモジュラー化とは，「システムを構成する要素間の相互関係に見られる濃淡を認識して，相対的に相互関係を無視できる部分をルール化されたインターフェイスで連結しようとする戦略」である。他方，統合型とは，構成要素とその機能との関係が多対多の複雑な関係になっており，構成部品間の機能的相互依存性が高いアーキテクチャを指し，これに基づく統合化とは，「要素間の複雑な相互関係を積極的に許容して，相互関係を自由に解放して継続的な相互調整にゆだねる戦略」である。

　アーキテクチャにはさまざまなレベルが存在しており，組織間や企業間における活動の相互作用のあり方を「ビジネス・アーキテクチャ」という（青島・武石，2001）。藤本（2002）も，モジュール化には，①製品アーキテクチャのモジュール化（製品開発におけるモジュール化），②生産のモジュール化，③企業間システムのモジュール化（調達部品のモジュール化）の3つのレベルがあり，産業界や学界で議論される際には，これらが混同して議論されていることを指摘している[9]。混乱を回避するためにも，製品アーキテクチャ，生産，企業間システムの3つの相違点と関連性を把握した上で，それらを統一的に分析するための枠組みを構築する必要がある。

2.4.2　アーキテクチャと企業間協働

　企業内の組織間協働や企業間協働のあり方は，製品アーキテクチャの特徴によって規定される（Reinertsen，1997；Fine，1998）。**表2.4**は，製品アーキテクチャに基づく企業間協働の分類を示している。製品アーキテクチャによって，情報の複雑性が異なり，それを処理すべき組織間，企業間調整のあり方も異な

9　青島・武石（2001）は，モジュラー化とモジュール化における言葉の意味の違いを説明しているが，本書ではそれらの違いを議論することが目的ではないため，両者を同義として用いる。

るからである。モジュラー型製品を開発するためには，分業型組織間協働が適合的であり，統合型製品では，機能と構成部品の間の対応関係が複雑に絡み合っているため，組織間で複雑な調整が必要とされる（青島・武石，2001）。

　Fine（1998）も，製品アーキテクチャのモジュラー化と統合化の概念を製品レベルからサプライチェーンレベルに適用し，サプライチェーンのアーキテクチャを，地理的近接性，組織的近接性，文化的近接性，電子的近接性の4つの基準に基づいて，モジュラー型と統合型に分類している。モジュラー型サプライチェーンとは，「地理的に範囲が広く，資本・経営の両面とも関係が希薄で，多様な文化が存在し，電子的連結が弱くても構築できる」サプライチェーンのことである。他方，統合型サプライチェーンとは，「メーカーとその主要なサプライヤーが1つの町または地域に集中し，資本関係があり，業務と文化を共有し，電子技術によって結びついている組織」のことである。本質的に，製品とサプライチェーンの構造は，互いに効果を高め合う傾向にある。もちろん，製品と企業間協働の整合性が確認できない産業もある。同じような製品アーキテクチャであっても，企業によって異なる調整を採用していることもある。例えば，グローバルソーシングを掲げていた頃の米国自動車メーカー，GM（General Motors）は，製品や部品開発を社内に統合化しながら，自動車という統合型アーキテクチャ製品を取り扱っていたにもかかわらず，地理的，組織

表2.4 ▶ ▶ ▶製品アーキテクチャに基づく企業間協働のタイプ分け

	統合型アーキテクチャ	モジュラー型アーキテクチャ
戦略	要素間の相互作用を許容 組織間（企業間）の複雑な調整	システムを要素に分別 ルール化されたインターフェイス
条件	事後的な調整が必要	事前ルールが必要
能力	社内外の摺り合わせ能力が必要 部品設計の微妙な調整 一貫した工程管理 緊密な社内部門間調整 取引先との濃密なコミュニケーション 顧客との接点の質の確保	相互作用は究極的には不要 事前にシステム全体の構想 ルールの作成 インターフェイスの業界標準の確立 自在な合従連衡 事業を急速展開させる能力

出所：藤本（2001a）に基づき筆者作成

的，文化的に広範囲に分散したサプライヤー・システムを構築していた（Fine, 1998）。

アーキテクチャと取引コストは密接に関係している。モジュラー化は取引コストを削減する1つの方法である。モジュラー化によって取引の複雑性を削減し，それが取引コストを削減する（Baldwin and Clark, 2000）。しかし，構成する企業間の相互依存性が低く，取引コストは削減されるが，統合型サプライチェーンのような緊密な調整や全体最適化を犠牲にする。他方，事後的で緊密な相互調整能力が求められる統合型アーキテクチャは，上述したような日本型サプライヤー・システムで見られる優位性が発揮されやすいといえる。

2.5　サプライヤー・システム研究の課題

本章では，狭義の経営学におけるサプライヤー・システムに関する研究を概観してきた。表2.5は，各研究の特徴をまとめたものである。取引コスト論では，取引コストを最小化するための3つのガバナンス構造として，市場取引，継続的取引，組織内取引が提示された。ただし，独立した企業間の協力関係や協働に焦点を当てるのであれば，純粋な市場取引や組織内取引よりも，継続的取引に注目する必要がある。しかし，先述したように取引コスト論は実際に存在する継続的取引の多様性を考慮していない。

浅沼の一連の研究では，取引コスト論に依拠しながらも，その問題点を克服すべく，議論が展開されてきた。例えば，取引コスト論の問題点として，①取引特殊的資産という概念を提示するなど，設備などの物的資産を重視しており静態的な議論に留まっている，②取引される製品はすでに開発が終了し，初期価格も決定済みの場合を想定している，③取引コスト論における継続的取引は，製品のライフサイクル内における継続的取引を想定している，④取引コスト以外の成果を考慮しておらず，しかも，自社の成果の確保しか考慮せず，サプライチェーン全体の利益のパイの拡大は考慮していない，⑤make or buyと称されるように，継続的取引の多様性を考慮していない，などが挙げられる。この

表2.5 ▶ ▶ ▶ サプライヤー・システムに関する各研究の比較

	取引コスト論	浅沼の研究	組織間信頼	製品アーキテクチャ論
協働の タイプ	（組織内取引） 継続的取引 （市場取引）	貸与図 承認図 市販品	Voice Hybrid Exit	統合型 モジュラー型
キー概念	取引コスト	関係的技能	組織間信頼	製品アーキテクチャ
全体の 利益		関係レント 革新的適応		（モジュラー型による 全体最適化の犠牲）
自社の 利益	機会主義の抑制 取引コストの削減	成果還元 リスク・シェア リング	信頼による 取引コスト削減	モジュラー型による 取引コスト削減

出所：筆者作成

　ような問題点に対して，浅沼は，①関係的技能という概念を用いて，サプライヤーの技能の適応や進化という動態的視点に基づいている，②開発段階や初期価格の調整まで踏み込んだ議論である，③現行モデルだけでなく，次期モデルも含めて，製品ライフサイクルを超えた長期継続的取引を想定している，④取引価格，取引数量の調整に注目し，取引コスト以外の成果も考慮し，付加価値の余剰分としての関係レントなど，パイの拡大にも言及している，⑤make or buyではなくhow to buy，すなわち，多様な継続的取引の分析を可能にしている，などに注目している。継続的取引の多様性については，関係的技能の違いによって，承認図方式，貸与図方式，市販品方式に分類している。

　組織間信頼の研究では，信頼の有無によって，企業間協働をVoice型とExit型に大別している。その後の研究では，両者のHybridモードを提示し，部分的ではあるが，信頼が協働の必要条件ではないと指摘している。しかし，信頼関係は長期的な取引関係の原因であるのか結果であるのか明らかでない（酒向，1998）。信頼そのものを獲得しようとしても，容易に得ることができるわけではなく，①優れた問題解決のアプローチ（経営原理，生産方式）の存在，②そうしたアプローチの組織の枠を超えた実践，③そこで生じる利得の公正な分配，④取引関係におけるWin-Winゲームの好循環という４つの条件が揃って初めて

事後的に生成するものではないかという指摘もある（西口，2009）。

　組織間信頼の研究も，基本的には取引コスト論における枠組みの延長線上で議論されているが，製品アーキテクチャ論におけるモジュラー化についても，主たる目的の1つは取引コストの削減である。統合型かモジュラー型かという製品アーキテクチャが，組織間協働や企業間協働のあり方を規定する。しかし，藤本（2002）も指摘しているように，製品レベルの議論と企業間協働レベルの議論が混同されることが少なくない。また，企業間協働だけでなく，製品レベルにおいても，純粋な統合型や完全なモジュラー型はあまり存在せず，その中間に位置するタイプについての議論があまり展開されていないという問題点がある。

第 | 3 | 章

サプライチェーンの新しい 分析視点

前章において，狭義の経営学におけるサプライヤー・システム研究の主要な論点を概観した。本章では，それらの議論の問題点を指摘するとともに，経営工学や商学も含めた，より広範囲のサプライチェーンにおける企業間協働の研究に向けた分析視点を提供する。

3.1 取引コストと取引利益

3.1.1 ビジネスシステムとしてのサプライチェーン

サプライチェーンは，ビジネスシステム（事業システム）の一形態である。ビジネスシステムとは，「商品を開発し，顧客に届けるための能力と仕組み」であり，企業内部の分業の仕組み（組織編成），仕事を行うための技術やノウハウ，物的・人的資源（経営資源），企業外部との連携の仕組み（企業間関係），生産や物流，さらに取り組みの仕組み（ロジスティック・システムや流通システム），人々のモノの考え方や見方（パラダイム）などから構成されている[1]（伊丹・加護野，1993）。加護野・石井（1991）における酒類産業の流通システムに端を発した日本のビジネスシステムの研究は，加護野（1999），加護野・井上（2004），加護野（2009），井上（2008；2010），加護野・山田（2016）な

どの研究へと発展していった。その発展過程において，ビジネスシステムの定義は，企業間協働の側面が強調されるようになった。例えば，加護野（2005）はビジネスシステムを，「ある企業が他の企業と協働して，顧客に価値を届けるための仕組み」であると称し，加護野・山田（2008）は，「企業内ならびに企業間の協働の制度的枠組み」と定義づけている。企業間協働としてのビジネスシステムにまつわる課題として，企業間の利益の分配，リスク分担という制度的枠組みを構築する必要がある（加護野・山田，2008）。この課題は加護野・石井（1991）から一貫して指摘されており，「自社だけでなく，他社にもメリットを与えるような付加価値分配の方法を工夫しなければならない。お互いに他社にどのようなメリットを与え，自分がどのようなメリットを得るかという競い合いが続くのである」（加護野・石井，1991）と述べられている。

　企業間協働の制度的枠組みを議論する上で，加護野・山田（2008），および加護野（2009）は，取引コスト論の限界を指摘し，取引利益の視点の重要性を主張している。取引利益とは，「取引関係に入るにあたって考慮される損得」（加護野，2009）である。長期継続的取引が行われる理由は，取引コストの削減のためとは限らない。一般的に，長期的取引では不確実性が高まり，取引相手の機会主義的行動の危険性も高まるが，実際には長期的取引を選択する企業が少なくない。浅沼の一連の研究では，長期継続的取引が行われる理由として関係的技能の存在が指摘された。しかし，先述したように，関係的技能は特定の取引企業のみに通用するものではなく，汎用的な特徴も有している。関係的技能以外の要因を検討する際に，取引関係の継続そのものによって，取引コス

　1　ビジネスシステムは，競争戦略の文脈において議論されてきた（加護野，1993）。競争戦略には，2つのレベルが存在する。
　　1つは，個々の商品やサービスレベルの競争である。企業は商品・サービスの差別化によって，競争優位を獲得することができる。しかし，その優位性は長続きしない。差別化の特徴が目立つし，わかりやすいので，ライバル企業によるリバースエンジニアリングや新たな差別化が達成されやすい。
　　もう1つは，ビジネスシステムレベルの競争である。顧客に価値を提供するためのさまざまな活動の差別化により，競争優位を獲得することができる。ビジネスシステムの差別化は，商品・サービスレベルの差別化に比べて目立たないことが多い。経営資源やその資源をうまく活用するための仕組みを構築することは容易ではないし，時間もかかるからである。

トの削減以外にどのような取引利益が得られるのかという問いについて考察する必要がある。

3.1.2　価値の奪い合いから価値の創造と分配へ

⑴　パイの奪い合いからパイの拡大へ

　サプライチェーンにおける企業間協働を，取引コストよりもむしろ取引利益に基づいて議論する際に，利益のパイの奪い合いだけでなく，利益のパイの拡大についても考慮することが求められる。そもそも，企業がSCMを導入する目的の1つは，経営工学分野におけるサプライチェーン研究の議論に見られたように，サプライチェーン全体の最適化，利益のパイの拡大，Win-Win関係の構築であった。典型的なパイの拡大は，需要の増大によって，機会利益を確保することである。または，サプライチェーン全体の在庫削減やコスト削減も，サプライチェーン全体が獲得する利益を増大することにつながる。従来，取引コスト論や当初のサプライヤー・システム論，マーケティング・チャネル論における議論では，調整や協力という視点が欠如しており，自社利益の確保を目的とした利益のパイの奪い合い，リスクの押し付け合いに主たる関心が置かれていた。協力してリスクの絶対量を削減したり，負担量を調整したりする議論は，浅沼の一連の研究を除いてはあまり行われてこなかった。マーケティング・チャネル論においても，パイの奪い合いではなく，パイの拡大という視点の研究が必要であるという指摘がある（Jap, 1999）。近年は，パワーと信頼の組み合わせなど，競争と協調を組み合わせた視点からの研究が数多く行われている（真鍋, 2002）。しかし，サプライチェーンが独立した企業で構成されるシステムである限り，パワーの問題が払拭されることはないと指摘される（崔, 2010）。非協力・競争から協調路線へのシフトのみでは，実際に起こっている企業間協働の本質を見誤る危険性もあり，競争と協調，利益のパイの奪い合いとパイの拡大を同時に考慮する必要がある。

⑵　価値ベースの事業戦略とコーペティション

　図3.1は，Brandenburger and Stuart（1996）の提唱する価値ベースの事業
戦略を表している。ある商品が垂直的連鎖を通じて創造された価値（Value
Created）は，買い手が支払ってもよいと考える価格（Willingness-to-pay）か
らサプライヤーの機会費用（Opportunity Cost）を引いた残りで定義される。
創造された価値は，買い手が支払ってもよい価格から実際に支払った価格
（Price）を引いた分が買い手の取り分であり，実際に支払った価格から仕入れ
コスト（Cost）を引いたものが自社の取り分であり，仕入れコストから機会費
用を引いたものがサプライヤーの取り分である。三者の協働によって創造され
た価値は，三者によってそれぞれの取り分が分配される。自社だけでなく，買
い手や売り手に対しても，価値の取り分を増大させて，三者すべてが増大した
価値を獲得できるようにする。このように，ある業務を他社に任せてビジネス
システムを構築する場合にも，業務委託した他社の協力を得るために，価値の
分配が重要なのである（浅羽・新田，2004）。創造された価値を独り占めして
は，次回，価値創造する際に，協働できないからである。Brandenburger and
Nalebuff（1996）は，このような競争（Competition）と協力（Cooperation）

図3.1▶ ▶ ▶価値ベースの事業戦略に基づく価値の分配

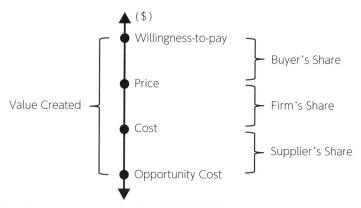

出所：Brandenburger and Stuart（1996）に基づき筆者作成

を同時に行わなければならない状況を，コーペティション（Co-opetition）と称している。

(3)　エージェンシー理論に基づく利益・リスク分配の問題

　サプライチェーンを構成する各企業は，サプライチェーン全体の利益を最大にすることを共通の目的とするが，その一方で自社の利益も追求する。この時，自社の利益だけを追求するという機会主義的行動をとれば，サプライチェーン全体の利益が減少してしまうかもしれない。サプライチェーン全体にとって最適な行動と個別企業にとって最適な行動が異なる場合があるからである。利益の大きさは所与ではない。自社の選択する行動により，拡大したり縮小したりする。マクミラン（1995）は，このような利益分配の問題を，エージェンシー理論の枠組みで考察している。エージェンシー理論の基本的な考え方は，「インセンティブとリスク分担の間のトレードオフ」にある（伊藤・林田，1996）。プリンシパルである自動車メーカーは，エージェントであるサプライヤーに部品の開発や生産を任せて，サプライヤーが適切な設計とコスト削減を行うことができるように，契約を通じてインセンティブを与えるのである。

　一般的に，自動車メーカーよりもサプライヤーのほうが企業規模は小さく，リスク回避的であることが多い。このような状況では，自動車メーカーがサプライヤーのリスクを負担することが望ましい。具体的には，取引価格を状況に応じて変化させる「コスト・プラス契約」がある。この契約では，サプライヤーは製造コストの変動分を取引価格に上乗せすることにより，変動リスクを負担せずに済む。自動車メーカーは，変動リスクの対価としての「リスクプレミアム」を受け取ることができる。しかし，この状況ではサプライヤーは製造コストを削減しようとするインセンティブが働かなくなる。逆に，取引価格が一定の「固定価格契約」の下では，コスト削減による恩恵はすべてサプライヤーが手にすることになり，サプライヤーには強いインセンティブが働く。しかし，サプライヤーが制御することができないコスト変動のすべてのリスクをサプライヤーが負担しなければならない。つまり，自動車メーカーとサプライ

ヤーにとって最適な契約は，インセンティブとリスク負担の費用便益をバランスさせたところで決定する。

SCM研究において，サプライチェーンを構成する企業間における利益やリスクの分配は重要な問題であり，利益の分配の仕組みを構築することの重要性を指摘している研究もあるが（Lee, Padmanabhan and Whan, 1997），その実証的な研究はあまり進んでいない。次節では，数少ない利益やリスクの分配に関する実証研究を概観する。

3.1.3　価値の分配に関する実証研究

(1)　リスク転嫁仮説からリスク吸収仮説へ

日本の自動車産業における自動車メーカーとサプライヤーとの利益・リスク分配に関する研究として，Aoki（1988）や浅沼（1997）が挙げられる。Aoki（1988）は，企業間取引で中核的な役割を担う自動車メーカー（中核企業）とサプライヤーとの間の関係準レントの分配について以下のように述べている。

中核企業と長期継続的に取引しているサプライヤーの間では，中核企業が取引相手を現在取引していないサプライヤーに変更した場合に比べて，より大きな付加価値を生成しているはずであり，その付加価値の余剰分を関係準レントという。なぜならば，中核企業と長期的な関係を構築しているサプライヤーの間に関係的技能が蓄積されているからである。サプライヤーが関係準レントのより大きなシェアを獲得するためには，①関係的技能を蓄積し，中核企業に対してより高い評価ランクを獲得する，②従来の中核企業を取引相手としながら，別の種類の部品，特に最終製品が生み出す付加価値のうち，より大きいウェイトを占める部品を供給する，③従来の中核企業に加えて，他の中核企業との取引を開始するか，その取引を開始している場合は，その取引を拡大させる，という行動を実行に移す必要がある。

浅沼（1997）は，リスクの分配について以下のように述べている。

従来，自動車産業において，リスク転嫁仮説が存在していると指摘されてきた。リスク転嫁仮説とは，中核企業である自動車メーカーが自社の持つ購買独

占的な地位を利用して，外部の下請企業に対して一方的な取引価格の決定やコスト削減の要請，取引価格の引き下げ，品質・納入に関する過酷な要求，支払いの遅延，さらには景気変動のバッファー（緩衝装置）として利用しているという仮説である。例えば，景気が好転すると，外部からの購入割合を高め，逆に不況に陥りはじめると，外部からの調達を撤回する。中核企業は下請企業の犠牲の下で，自社の設備能力や労働力の稼働率を相対的に安定させることが可能となる。

　しかし，現実には中核企業とサプライヤーとの間には，中核企業の側が取引に伴うリスクを無視できない程度吸収するメカニズムが存在していることが明らかにされた。しかも，サプライヤーの事業が特定の中核企業に対する供給に集中している度合いが大きいほど，また，サプライヤーの提供する部品の進化の程度が低いほど，中核企業はより多くのリスクを吸収しようとする。この仕組みをリスク吸収仮説という。取引先の選定コストの節約，品質改善やコスト削減のための協力，サプライヤーが中核企業に対して特殊的な投資を促進させるインセンティブなどによって，中核企業とサプライヤーの長期継続的な取引は，国際的な競争力の源泉となっている。

(2)　リスク吸収仮説の実証研究

　リスク吸収仮説は，以下のように定量的な検証が行われている。

　Kawasaki and McMillan（1987）は，浅沼の一連の研究（浅沼，1984a；1984b；Asanuma, 1985）で明らかにされた自動車メーカーとサプライヤーの間の危険分担のメカニズムについて，仮説の検証を行っている。リスク吸収や危険分担の実態を明らかにするためには，本来であれば契約条件などの詳細なミクロデータが必要であるが，実際には入手困難である。

　Kawasaki and McMillan（1987）は，「プリンシパルがエージェントに支払うための最適報酬方式は期末の成果の一次関数によって与えられうる」というプリンシパル・エージェント・モデルに従って，産業レベルのマクロデータを用いて下請契約の平均的特徴を推定している。

　Asanuma and Kikutani（1992）は，Kawasaki and McMillan（1987）に基づきながら，日本の自動車産業における企業レベルの分析を行っている。具体的には，サプライヤーの生産コストと利益の変動の比較を行っており，中核企業の取引における支払価格（P）を以下のように線形的な一次関数で表している。

　　P = b + a（c − b）

　bは，中核企業が前もって設定する目標価格であり，実際の費用(c)の増加分，あるいは減少分のうち，a の比率分が上乗せられたり，削減されたりする。a はリスクのシェアリング係数であり，a の値によって，中核企業とサプライヤーの生産コストの変動リスクの負担が決定する。$a = 0$ ならば，固定価格契約となり，サプライヤーが全面的にリスクを負担する。逆に $a = 1$ ならば，コスト・プラス契約となり，中核企業がリスクを負担する。その a の値は以下のように算出されている。

　　a = 1 − 利潤の標準偏差/コストの標準偏差

　トヨタ，日産，マツダ，三菱自動車における各サプライヤーの a を算出した結果，4社とも a は約0.9となった。つまり，「設定された目標を上回った超過分についても，また目標を下回った場合の差額分についても，その90％にも上る部分が取引の過程で中核企業によって吸収された」（浅沼，1997）ことが示され，リスク吸収仮説が定量的に検証されたことになる[2]。

　さらに，企業間協働のタイプによって，買い手側の企業によるリスク負担と，

　2　その後も，Kawasaki and McMillan（1987）やAsanuma and Kikutani（1992）の研究に基づいて，さまざまな国や産業を対象としたリスク分配の実証研究が行われた。例えば，Tabeta and Rahman（1999）は日本の自動車産業におけるリスク分配について，系列企業と独立企業の比較を行っている。また，Yun（1999）は韓国の自動車産業における下請関係を，Camuffo et al.（2007）はイタリアの空調機器産業のサプライヤー関係を，Camuffo（2018）はフランス自動車メーカーのルノーとの提携を強化した後の欧州日産とそのサプライヤーのリスク分配について検討している。

売り手側の企業が確保しうる利潤マージンに違いがあることを指摘している。貸与図方式に基づいて取引を行っているサプライヤーに対して，買い手である自動車メーカーが当該サプライヤーの操業度を安定させたり，生産性が向上するまでは一時的に減価償却費などを負担したりするなど，自動車メーカーがリスクを負担する。逆に，承認図方式のサプライヤーは，獲得する関係レントは貸与図方式のサプライヤーよりも大きくなるが，自動車メーカーによるリスク吸収の程度は低い。自社に対する取引依存度が高いサプライヤーほど，また，技術的に進化の初期段階に留まっているサプライヤーほど，リスク吸収の対象となっている。その反面，リスク吸収の程度が大きいサプライヤーほど，取引によって獲得する利潤マージンは低くなる傾向がある。このようなリスク吸収と利潤マージンの獲得は，サプライヤーの利潤追求に対するインセンティブを高める。すなわち，簡単な加工を担当していた貸与図サプライヤーは，より複雑な貸与図サプライヤーへ，さらには承認図サプライヤーへと進化することを目指す。

　一方，岡室（1995）は，浅沼のリスク吸収仮説の研究に対して，以下のような問題点を指摘している。

　第一は生産コストという供給側の変動リスクのみを対象とし，需要の変動リスクを考慮していないことである。第二は使用したデータの問題であり，第三はシェアリング係数の測定の仕方である。岡室（1995）では，このような問題を回避するために，自動車メーカーやサプライヤーの利益率が，需要や原材料価格の変化に対して，どの程度反応しているかを分析している。産業レベルのデータに基づいて，利益率を従属変数，販売台数や生産コストを独立変数とした重回帰分析を行った結果，自動車メーカーが需要の変動リスクの一部を吸収していることを示した。すなわち，需要の変動リスクについても，リスク吸収仮説が部分的に該当することを指摘した。さらに，Okamuro（2001）では，サプライヤーをトヨタ系と日産系に分類した分析を行い，日産系サプライヤーよりもトヨタ系サプライヤーの利益率のほうが，資本関係や自動車メーカーへの売上依存度などの取引関係の強さに影響を受けているという結果を導出して

いる。

(3)　在庫削減と生産性向上の実証研究

　サプライチェーンにはさまざまなリスクが存在するが，在庫リスクもその1つである[3]。機会損失のリスクを防ぐためには，在庫を持つ必要があるが，在庫を持ちすぎると，売れ残るリスクが高まる。このような在庫リスクを売り手と買い手の間でどのように負担するかが問題となる。

　Lieberman and Asaba（1997）は，企業間のリスクの分配について直接的に分析しているわけではないが，日米自動車産業における自動車メーカーとサプライヤーの在庫削減と生産性向上の比較を行っている。具体的には，全国レベルの調査および企業の財務レポートに基づいて実証している。日本の場合は工業統計調査（経済産業省），米国の場合はUS Annual Survey of Manufacturesのデータを使用している。在庫に関しては，サプライチェーン内のトータル在庫をサプライヤーの所有する原材料，仕掛品，最終製品，および自動車メーカーの所有する原材料，仕掛品の合計と定義している。より川下に位置するディーラー（自動車販売店）との関係が影響する自動車メーカーの最終製品を除外している。また，トータル在庫を，生産プロセス内に存在している仕掛品と，企業間のバッファー在庫（原材料と最終製品の合計）に分類しており，さらに後者を，上流のサプライヤーが所有する最終製品と下流の自動車メーカーが所有する原材料に分類している。生産性の指標については，労働生産性（付加価値額/従業員数）を使用している。以上の3種類の在庫（トータル在庫，仕掛品在庫，バッファー在庫）と労働生産性について，日米における自動車メーカーとサプライヤーの各指標の時系列的な変化の比較を行った。1960年代から1990年代前半にかけて，日本ではトータル在庫は44%削減された。自動車メーカーは仕掛品在庫とバッファー在庫をそれぞれ40%以上削減し，サプライ

　3　Chopra and Sodhi（2004）では，サプライチェーンにおけるリスクが分類されている。そこでは，在庫管理や部品調達などのオペレーションにおけるリスクから，自然災害や戦争などによる社会的な混乱のリスクまで含まれている。

ヤーはそれぞれ30％以上削減してきた。他方，同期間において，米国ではトータル在庫は34％削減された。そのうちの仕掛品在庫については，自動車メーカーが62％，サプライヤーが34％それぞれ削減した。バッファー在庫に関しては，自動車メーカーの原材料在庫が49％削減されたが，サプライヤーの製品在庫は9％，原材料在庫は6％それぞれ増加した。

　分析の結果として，日本では自動車メーカーとサプライヤーがともに在庫削減と生産性向上を実現しているといえる。特に，1970年代においてそれらが顕著に見られた。他方，米国では自動車メーカーがサプライヤーよりも在庫削減や生産性向上を進めることによって合理化を実現しており，日米によって異なる結果を明らかにした。つまり，日本の自動車メーカーとサプライヤーは長期にわたって類似した進展を遂げている。他方，米国の自動車メーカーは在庫削減や生産性向上が平均的な日本のレベルにまで到達したのに対して，典型的な米国のサプライヤーの合理化は停滞したままであった。自動車産業における在庫削減や生産性向上には，JIT生産方式の採用が大きく影響している。JIT生産方式は1950年代にトヨタによって先駆けられ，1960年代後半には日本の産業全体に広く普及し，その約10年後に北米へと広まった。JITの中心的な特徴は，最小レベルの在庫で作動する能力である。程度はケースバイケースであるが，JIT生産方式の導入の失敗や，在庫リスクの負担がサプライヤー側にシフトしたことなどが，米国のサプライヤーの生産性の停滞の原因として指摘された。この日米の違いは，サプライチェーン全体でオペレーションの調整や改善を実施している日本の自動車産業の相対的な優位性を強調している。

　表3.1は，価値の分配に関する2つの実証研究をまとめたものである。価値の分配は，取引価格や取引数量，発注方法などの具体的な取引契約に関する内容（ミクロデータ）に具現化される。しかし，それらの内容は当事者以外には入手することができない。これら2つの研究は，間接的ではあるが，マクロ的なデータに基づいて取引企業間における価値の分配が明らかにされた数少ない実証研究である。

表3.1 ▶ ▶ ▶価値の分配に関する実証研究

	リスク吸収仮説 (Asanuma and Kikutani,1992)	在庫削減と生産性向上 (Lieberman and Asaba,1997)
分析の対象	日本の自動車産業における自動車メーカーとサプライヤー （企業レベルの分析）	日米自動車産業における自動車メーカーとサプライヤー （産業レベルの分析）
分析の方法	財務データによるサプライヤーの生産コストと営業利益の標準偏差の比較（リスクと利益の変動の比較）	工業統計表や財務データによる自動車メーカーとサプライヤーの在庫，生産性の時系列的な変化の比較
リスクの種類	生産コストの変動リスク （売上原価＋販売費・一般管理費）	在庫リスク （トータル在庫，バッファー在庫，仕掛品在庫）
利益の種類	営業利益	労働生産性
発見事実	自動車メーカーによる変動リスクの負担が見られる。企業ごとに違いはない	日本では在庫削減と生産性向上が同等に見られるが，米国では自動車メーカーのみの合理化が見られる
結論	リスク転嫁仮説からリスク吸収仮説へ	日本のサプライヤー・システムの競争優位性

出所：Asanuma and Kikutani（1992），Lieberman and Asaba（1997）に基づき筆者作成

3.2　買い手の論理と売り手の論理

　自動車メーカーとサプライヤーの企業間協働の成果を左右する要因は大きく分けて，自動車メーカーの能力，サプライヤーの能力，両者の関係のあり方の3つが考えられる。企業間協働はこれら3つの要因のすべてが寄与することで成り立つ仕組みである。しかし，従来のサプライヤー・システム研究の多くは，買い手である自動車メーカーの視点から長期継続的取引や広範な調達ネットワークを論じており，売り手であるサプライヤーの視点に立った議論は少ない。例えば，make or buyやhow to buyという考え方は，買い手を中心に据えている。サプライチェーンを機能させるためには，自動車メーカーだけでなく，サプライヤーの果たす役割も大きい。サプライチェーンの企業間協働のより詳細な分析のためには，how to sellという売り手の視点も組み込む必要がある。以

下では，サプライヤーの視点に立った数少ない研究のうち，延岡（1996b）の顧客範囲の経済と，高嶋（1998）の生産財の取引戦略について概観する。

3.2.1　顧客範囲の経済

(1)　複社発注の論理

　延岡（1996b）は，日本の自動車部品サプライヤーの顧客範囲の広さがサプライヤーの成果に与える影響について考察している。日本の自動車部品取引は，長期的で協調的な関係が構築されており（浅沼，1997；Cusumano and Takeishi,1991），系列取引とも称されてきたが（Lincoln et al., 1992；Dyer and Ouchi, 1993），それは1対1の排他的取引関係を意味するのではなく，実際の取引は多対多のより広範囲な産業内のネットワークに基づいている（藤本・武石，1994；Takeishi and Cusumano, 1995；Nobeoka, 1997）。自動車メーカーが単一の部品を複数のサプライヤーから調達する，いわゆる複社発注を行うことのメリットは従来の研究においても指摘されてきた[4]（伊丹・千本木，1988；伊藤，1989；湯本，1990）。具体的には，以下の三点のメリットが考えられる（延岡，1999）。

　第一に，特定のサプライヤーへの依存度が下がるので，自社の交渉力の向上につながる。それに付随して，サプライヤーのインセンティブを引き出すために競争圧力をかけて，サプライヤー同士で競争を促進させることができる。また，他のサプライヤーと比較することによって，あるサプライヤーの部品のコストや品質を監視することも可能となる。

　第二に，複社発注は最適な部品調達を可能にする。同じ種類の部品であっても，その機能を満たすための技術や設計は多様である。取引企業が多ければ，自社の特定車種の特定仕様に適した部品の選択肢を増やすことができる。

4　ここでいう複社発注とは，「ブレーキとかダッシュボードとかの部品の大まかな分け方をした場合に，2社または3社から部品を購入しているという意味」である（湯本，1990）。
　実際に，自動車メーカーが全く同じ品番の部品を複数のサプライヤーから調達することは稀である。

第三はリスクの分散である。単一の供給先が何らかの理由で操業停止した場合は，在庫がなければ自社の工場も停止せざるを得ない。複社発注は一方からの供給が途絶えた場合の代替先の確保につながる。

(2)　複社供給の論理

　自動車メーカーだけでなく，サプライヤーにとっても取引先を拡大させる，いわゆる複社供給を行うことのメリットが存在する。そのメリットを顧客範囲の経済という。顧客範囲の経済とは，「広範な顧客ネットワークがサプライヤー成果にもたらす効果」のことである（延岡，1996b）。延岡（1996b）は，日本の自動車部品のサプライヤー125社を対象として，顧客範囲を表す変数（顧客数など）と成果変数（1994年度の売上高経常利益率）の関係性について論じている。すなわち，サプライヤーは，より多くの顧客に自社部品を供給することによって，サプライヤー自身がさまざまなメリットを獲得することができる。顧客範囲の経済によるメリットは，以下の3つが考えられる。

　第一に，部品開発や生産における範囲の経済の獲得である。自動車メーカーが要求する部品の多様性が高まることによって，サプライヤーは基本設計を共通化した部品を供給し，範囲の経済を享受することができる。同様の議論は，マスカスタマイゼーション戦略として展開されている（Pine, 1993；延岡，1996a；近能，2001; 2002)。部品の共通部分は大量生産による規模の経済を活かしながら，部品のカスタマイズされた部分は，個別企業の具体的なニーズに合わせることが可能となる。近能（2001）は，最も要求水準の厳しい顧客を満足させるレベルで製品システムや生産・ロジスティクスのシステムの共通化・共有化を行うことが，マスカスタマイゼーション戦略にとって重要であると述べている。

　第二に，多様な顧客との取引は，サプライヤーに「学習機会の獲得」をもたらす。ある特定の自動車メーカーとの取引から得られた知識やノウハウを，他の顧客との取引においても活用することができる。もちろん，特定の顧客との守秘義務は厳守する必要はあるが，より多くの顧客と取引すればするほど，サ

プライヤーの学習機会は多くなる。また，より多くの自動車メーカーと取引しているサプライヤーの製品に対して，より高い信頼性を獲得することができる。すでに他の自動車メーカーが使用している部品は，部品の品質が保証されているため，その部品を後から使用する際には，検査や試験を簡素化することができる。

　第三に，より多くの顧客と取引しているサプライヤーに対して，「バーゲニングパワーの向上」をもたらす。顧客範囲の拡大は，サプライヤーが特定の自動車メーカーに対する依存度を削減することが可能となり，価格交渉などの場において，有利な立場を築くことができる。しかし，日本の自動車部品取引は長期的協調関係に基づいているために，サプライヤーは機会主義的行動をとることはあまりないと考えられる。さらに，自動車メーカーも複社発注を行っていることが多く，サプライヤーと自動車メーカーのパワーバランスもある程度均衡するものと考えられる。

　また，自動車メーカーが特定のサプライヤーを共通に活用していることが，自動車メーカーにも利益をもたらしている（Nobeoka, 1997）。具体的には，競合メーカーと部品共通化を進めることは，規模の経済によってコスト削減につながるからである。

⑶　取引関係の深さと広さの両立

　サプライヤーが顧客範囲を広げることによって，1社ごとの取引が疎かになってはいけない。顧客範囲の経済と，特定顧客との緊密な連携による協調的取引関係はトレードオフの関係ではなく，それらを同時に実現することによって，サプライヤーは高いパフォーマンスを獲得することができる。近能（2017）も，サプライヤーが主要顧客と緊密で協調的な関係の構築と，それ以外の自動車メーカーに対して顧客範囲の拡大を両立させることの重要性を指摘している。さらに，これら両者を成り立たせるためには，先行開発における協業が重要であるという[5]。

　伊藤（2013）は，特定顧客との緊密な連携を取引関係の深さ，広範囲の顧客

56

への取引拡大を取引関係の広さと称している。これらを両立させることは，サプライヤーに対して，それぞれ異なるタイプの学習効果をもたらす。伊藤（2013）はデンソーの事例を通じて，「広範囲な顧客との取引から得られる大量で多様な情報から革新的な製品開発に役立つ付加価値のある情報を選択し，そして緊密な関係になる顧客との開発協業で使用可能な情報へと翻訳すること」，「密な関係の特定顧客との開発成果を広範囲な顧客へフィードバックすること」という2つの顧客関係を両立させるための条件を指摘している。

3.2.2　生産財マーケティング

　商学のマーケティング領域において，売り手の視点から議論が展開されてきた分野は生産財マーケティングであり，生産財取引における長期的関係を中心に取り扱ってきた（Håkansson, 1982）。2000年頃からは，生産財のサービス財における企業間関係を対象としたリレーションシップ・マーケティングなどへと発展していき，顧客との関係性管理やその強化がより一層重視されるようになった（南, 2005）。ただし，システムインテグレーションなどのサービス財と実際の部品としての生産財では，サプライチェーンや企業間関係の構築方法が異なる。以下では，実際の製品や部品などを対象とした研究のうち，高嶋（1998）を中心として生産財の取引戦略の特徴を概観する[6]。

(1)　顧客適応戦略と標準化戦略

　部品，原材料，機械，設備などの生産財における戦略的な課題として，企業間取引関係の形成と管理が挙げられる。生産財マーケティングでは，買い手企

5　先行開発とは，「既存技術の改善に留まらない，製品を構成する新しいコンセプトの部品（新しいモジュール，システム）や新しい要素技術（新しい素材やデバイス，新しい生産技術など）の開発のこと」である（近能, 2017）。

6　不特定多数の個人を顧客とする消費財と異なり，生産財メーカーは継続的取引を前提とした企業を顧客とする。また，製品の開発段階と販売段階が時間的にも組織的にもはっきりと分割されている消費財と比べて，生産財の場合は開発段階と販売段階が取引活動の中で統合されている点も両者の違いである（高嶋, 1998）。

業と売り手企業がどのようにコミュニケーションをとりながら協力関係を築くか，売り手企業である生産財メーカーは，どのような戦略をとることによって競争優位を追求するかという問題について議論されている。高嶋（1998）は，Håkansson（1980）らの相互作用モデルに基づいて，生産財取引に関する有効な戦略について検討している。相互作用モデルには，一般的側面と適応的側面の2つがある。前者は売り手企業の専門的な問題解決能力に顧客がどの程度依存するかという側面であり，後者は売り手企業による顧客の個別ニーズに適応した製品やサービスを供給する能力に対して，どの程度顧客が依存するかという側面である。高嶋（1998）は後者の適応的側面に注目し，生産財メーカーは顧客の要求にどの程度合わせるのかという視点から，顧客適応戦略と標準化戦略という2つの生産財取引における基本戦略を提示した。

　顧客適応には，製品の開発段階，生産段階，配送段階の3つの段階がある。顧客ごとに異なる仕様のカスタマイズされた製品の開発，顧客の注文に応じて行う受注生産，顧客の要求する適時適量の配送サービスが，それぞれ開発，生産，配送段階における顧客適応戦略に該当する。これに対して，生産財メーカーが決めた標準仕様の製品開発，見込み生産，一括大量配送が，標準化戦略に該当する。実際は，すべての段階で顧客適応するわけではなく，ある段階では顧客適応を選択するが，別の段階では標準化戦略をとることも可能であり，顧客適応の組み合わせは多様となる。

(2)　戦略の選択

　生産財メーカーがどちらの戦略をとるか，あるいはどの程度顧客適応すべきかについては，市場環境や技術的条件などに依存する。市場環境は適応的な製品の顧客需要がどの程度存在するかを表しており，技術的条件は適応的な製品を供給するためにはどの程度のコストが生じるかを意味している。顧客適応的な製品の需要が大きいほど，また，顧客適応するための技術が高いほど，生産財メーカーは顧客適応戦略をとることになる。

　このような顧客適応の決定は，延期−投機モデルによって説明される[7]。延期

とは製品の開発，生産，配送を顧客の注文が発生する時まで遅らせることであり，投機とは顧客から注文が生じる前に開発，生産，配送を決定することである。顧客適応を行う程度によって，開発，生産，配送の各段階で，生産財メーカーと顧客企業それぞれが負担するコストは変動する。例えば，顧客適応の開発をすればするほど，生産財メーカーが顧客の要求に合わせるための追加的作業のコストが高くなり，顧客企業も追加的作業の待ち時間のコストとその時間を短縮するためのコストがかかる。逆に，標準化すればするほど，顧客が生産財メーカーの提示する標準仕様に合わせるための追加的作業のコストが高くなる。生産財メーカーも標準化製品のバリエーションを増やすためのコストや需要予測が外れて売れ残った場合の在庫コストなどが高くなる。生産段階では，受注生産すればするほど，生産ロットを大きくしたり，生産を平準化したりするメリットが得られない。逆に，見込み生産すればするほど，在庫の所有や売れ残りの廃棄のためのコストがかかる。配送段階では，適時適量配送すればするほど，顧客の負担する在庫コストやリスクは減るが，配送頻度の増加によるコストが増える。逆に，大量一括配送では，生産財メーカーの受注処理や物流コストは減るが，顧客の負担するコストやリスクは増大する。延期－投機モデルは，全体的に最も効率的となる顧客レベルを示し，生産財メーカーはこれらのコストの合計が最小化される時点まで，顧客適応すればよいことになる。

(3) 戦略を有効にするための条件

　生産財メーカーは，顧客適応戦略と標準化戦略のいずれの戦略をとるにせよ，戦略に適した組織体制や企業間関係を編成することによってはじめて，その戦略が有効となる。製品適応，受注生産，適時適量配送などの顧客適応戦略を実現するためには，デザイン・インやオーバーラップ型の製品開発，JIT生産や平準化生産，多頻度少量配送などを実施する必要がある。それらを実現するた

　7　延期－投機モデルとは，いつの時点で製品の開発，生産，配送を行えば，最もコストがかからないかという問題を考えることであり，効率的な顧客適応のレベルを決める（Bucklin, 1965；田村, 1989）。

めには，企業内部門の連携が必要であるが，現実は各部門が局所最適化を目指すことによって，企業全体としての顧客適応を効率的に行うことが難しくなる。なぜならば，延期−投機モデルで示されるコストは，不確かに想定するしかなく，各部門が負担するコストの内訳もわからないからである。そのような状況では，自社部門の最適化を優先することは少なくないであろう。局所最適化を避けるためには，プロジェクトチームの導入などによる職能間の連携を強化したり，分権的な事業部制を基礎としながら，事業部間の迅速で柔軟な資源配分を可能にするスタッフ部門を設置したりすることが必要となる。

　最適な顧客適応の実現のためには，顧客企業との協調的関係の形成も必要である。すなわち，短期的な視野に基づいた利害対立が存在するような関係ではなく，長期的で信頼をベースとした関係を構築することが必要である。協調的関係によって，コミュニケーションの円滑化や，顧客適応のための双方による設備や技術への投資が容易となるからである。しかし，協調的関係は取引先への依存度を高めることにもつながる。依存関係の増大は優先的な取引や情報共有を促進させるが，取引先のパワーによる影響も受けやすくなり，自社にとって不利な取引条件を一方的に押し付けられる危険性もある。

　他方，標準化戦略を有効にするための条件として，集権的な組織管理の実現と協調的・依存的関係の制限が挙げられる。生産財メーカーは標準化戦略をとることによってコスト優位を期待する。大量生産，大量配送などによる規模の経済性や，生産量や配送量の増大による学習効果，さらには，事業の多角化などによって，複数事業間における生産や配送の共用による範囲の経済性を実現させる。そのためには，事業部ごとに資源を分散させないような集権的な管理や，規模に基づく効果を発揮させるような大規模な投資を実施するためのトップダウンによる意思決定が必要である。また，特定の顧客との間に緊密な関係が形成されると，顧客適応が求められ，競争力を発揮していた標準仕様の製品や見込み生産が制限される危険性があるために，協調的関係や依存関係を抑制することも必要である。**表3.2**は，これら2つの戦略を比較したものである。

表3.2 ▶ ▶ ▶ 顧客適応のレベルに基づく企業間協働のタイプ分け

		顧客適応戦略	標準化戦略
戦略の内容	開発	特注仕様の開発	標準仕様の開発
	生産	受注生産	見込み生産
	配送	適時適量配送	一括大量配送
戦略を選択する条件	市場	顧客需要の多様性や不確実性が高い時	適応的製品に対する需要が少ない時
	技術	顧客適応的製品を供給するためのコストがかからない技術がある時	顧客適応を行うための技術的なコストが大きい時
戦略を有効にする条件	組織内	部門間連携，プロジェクトチーム分権的組織とスタッフ部門	集権的組織トップダウンによる意思決定
	企業間関係	協調的関係の実現と過度な依存を避けるためのコントロール	協調的・依存関係の抑制

出所：高嶋（1998）に基づき筆者作成

3.3　分析の視点と研究の対象

3.3.1　本書における分析視点とリサーチ・クエスチョン

　本書では，サプライチェーンにおける企業間協働のあり方について検討することを目的として，さまざまな学問分野におけるサプライチェーン研究を概観した。特に，前章では狭義の経営学におけるサプライヤー・システムの主要な論点を確認するとともに，それらの研究の課題や問題点を指摘した。第一に，取引コストだけでなく，取引利益にも注目する必要があること，それに付随して，付加価値の奪い合いから付加価値の創造・拡大と分配へと議論の焦点をシフトさせる必要があることを指摘した。第二に，従来のサプライヤー・システム研究は，企業間取引における買い手側の視点に基づいて議論されることが多く，売り手側の視点に立った研究は少なかったことが挙げられる。サプライチェーンは複数企業の協働の結果として機能するものであり，リーダー的な役割を果たす企業だけがサプライチェーン全体をマネジメントする時代は過去のものとなりつつある。買い手と売り手の双方が主体的に働きかけることがサプ

図3.2▶▶▶本書の位置づけ

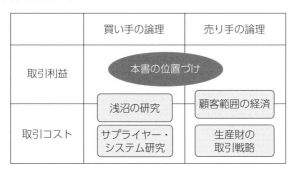

出所：筆者作成

ライチェーンの全体最適化を実現することができると考えられる。取引コスト
と取引利益，買い手の論理と売り手の論理という視点に基づいて，本書を位置
づけると，**図3.2**のように示される。

　左下のセルは狭義の経営学におけるサプライヤー・システム研究が位置づけ
られる。すなわち，取引コスト論を支配的な理論として，買い手がいかにして
自社の取引コストを削減するか，取引相手とどのように価値を奪い合うか，そ
のためにはどのような取引ガバナンスを選択するかという議論に終始していた。
ただし，浅沼の一連の研究は価値の奪い合いだけではなく，価値の創造・拡大
と分配にも注目しており，左上のセルにも部分的に位置づけられる。

　右下のセルは，商学分野における生産財マーケティングの研究が位置づけら
れる。売り手である生産財メーカーが競争優位を確立するための戦略について
議論しているが，基本的には，延期－投機モデルに基づいて，取引におけるガ
バナンスコストの削減を目指している。売り手の視点に立った顧客範囲の経済
の研究は，右下と右上のセルの両方に位置づけられる。サプライヤーが自社の
顧客範囲を拡大させることは，自社だけでなく，買い手のメリットにもつなが
ることを指摘しているからである。顧客範囲の経済を実現させることは容易で
はない（近能，2001）。例えば，自動車部品のサプライヤーは顧客である自動
車メーカーから部品の仕様や開発・製造プロセスについて厳しい制約が課せら

れている。それらを克服しながら，顧客範囲を拡大させるためには，それに適した経営資源や組織能力を構築する必要がある（延岡，1996a）。しかし，従来の議論では，サプライヤーがどのように顧客範囲を拡大させるのかというプロセスについてはあまり言及していない。

　本書では，サプライチェーンの企業間協働を取引利益の視点に基づいて議論を進める。サプライチェーンを構成する企業間の協働によって付加価値の創造・拡大を目指し，その付加価値をメンバーに適切に分配するためのマネジメントについて検討していく。その際，買い手だけでなく，売り手の視点からも議論を進める。従来，企業間取引に関する議論は買い手の視点に基づいて展開されることが多かった。自動車産業が典型的な例であるが，買い手である自動車メーカーがサプライチェーン全体を統括する役割を担うことが多かったことも，買い手中心の議論に偏っていた原因であるともいえる。

　サプライチェーンを構成する企業間における付加価値の創造・拡大と分配について，具体的に明らかにすべき問い（リサーチ・クエスチョン：RQ）は，以下の3つである。

RQ1：日本の自動車産業と電機産業におけるサプライチェーンの利益とリスクの分配メカニズムの違いを明らかにする。

RQ2：日本の自動車産業におけるトヨタグループと日産グループのサプライチェーンの利益とリスクの分配メカニズムの違いを明らかにする。さらに，それらのメカニズムが2000年以降，どのように変化したのかを明らかにする。

RQ3：トヨタ系サプライヤーにおける顧客範囲を拡大させるプロセスにはどのような特徴があるのか。それがトヨタのサプライチェーン全体にとってどのような意味があるのか。

3.3.2　日本の自動車産業と電機産業の比較

　第一に，日本の自動車産業と電機産業を研究対象として，サプライチェーン

を構成するアセンブラー（買い手）とサプライヤー（売り手）の利益やリスクの分配メカニズムの違いを明らかにする。浅沼の一連の研究においても両産業は取り上げられてきたが，これらの産業は，1970年代後半から国際的な産業競争力を高めてきた（浅沼，1997）。また，自動車産業と電機産業は，売り手と買い手の関係，すなわち垂直的な取引関係が把握しやすい産業でもある（加護野，2009）。部品供給を行うサプライヤーと，最終製品を組み立てるアセンブラーの関係が比較的把握しやすい産業でもあることが，研究対象として選択した理由の1つである。

　第2章でも概観したが，自動車産業はサプライチェーンに関する研究蓄積が多い。また，SCMという用語が世間に普及する以前から，SCMの基本的な考え方を実践しており，垂直的な分業という形で企業間協働が活発に行われてきた産業でもある。したがって，日本の自動車産業における利益・リスク分配のメカニズムをさらに解明することによって，有効なSCMに対して何らかの示唆が得られると考える。他方，日本の電機産業も垂直的な分業が進展しており，2000年前後から，SCMの導入が進んでいる産業でもある。複数企業による協働関係によって成り立っている日本の自動車産業と電機産業を比較することによって，各産業における企業間協働の実態の解明，および有効な利益・リスク分配メカニズムを明らかにする手掛かりを掴むことができると考える。

3.3.3　トヨタグループと日産グループの比較

　第二に，サプライチェーンにおける利益とリスクの分配メカニズムについて，日本の自動車産業における企業レベルの分析も実施する。「日本の自動車メーカーのサプライヤー・システムを一括して論じることが一段と困難になっている」（武石，2000）と指摘されるように，同じ産業に属していても，企業によってサプライチェーンの特徴は異なる。トヨタを中心としたトヨタグループと日産自動車（以下，日産）を中心とした日産グループは，日本の自動車メーカーの中でも，自動車部品を供給するサプライヤーの協力会を組織化してきた[8]。トヨタ，日産とも，協力会は，自動車メーカーとサプライヤーの親睦会と

して発足した。その後はより緊密な連携を行う場として，自動車メーカーは指導・育成を行い，サプライヤーはメンバー間で相互研鑽する場としての役割を果たしてきた（中山，2004）。両グループにおいて，自動車メーカーとサプライヤーの間における協働の利益やリスクをどのように分配しているのか，どのようなメカニズムが内在しているのかという問いについて検討する。さらに，日本の自動車サプライチェーンは2000年以降大きく変貌しているという指摘があるが，トヨタグループと日産グループの企業間協働や利益・リスクの分配メカニズムがどのように変化しているのかという時系列的な変化についても考察する。

(1) トヨタの協力会：協豊会

　1937年8月，豊田自動織機製作所の自動車製造部がトヨタ自工として独立した。日本の自動車産業を育てる意味でも，国産部品メーカーの存在が不可欠であったが，実際には，豊田自動織機の納入業者がトヨタ自工の協力工場となった。「刈谷市および名古屋市周辺の中小企業が主体となっており，当然，設備や材料のどれを取ってみても自動車工業に適しているとは言えなかった。トヨタは協力工場のレベルを上げるために，個別には懇談会の形式で協力関係を構築してきたが，組織的な活動はなかった。1939年11月，トヨタ自動車下請懇談会が開催された」[9]。これがトヨタのサプライヤーの協力会の発端であり，発足当時は18社が参加した。

　その後，産業の軍需化が進んでいく中で，資材の確保，召集を受けた熟練工の問題，工場疎開の問題などを解決するために，協力工場とトヨタはより緊密に連携を進めた。このような状況の中で，1943年にはトヨタの協力会は発展的に解消され，新たに協豊会という組織が発足した。終戦後は，トヨタとの緊密な連携，会員相互の技術交流と研鑽，会員の経営合理化などを追究するために，

8　ここでいうトヨタグループや日産グループは，第1章で述べた協力会（生産連関）に該当する（坂本・下谷，1987）。

9　『協豊会50年のあゆみ』（P.11）より。

従来は東海地域の協力工場を中心に構成されていた協豊会は，拡大と充実を図った。1946年に東京協豊会[10]，1947年に関西協豊会がそれぞれ結成され，従来の協豊会は東海協豊会と名称を変更した[11]。

　トヨタを番頭として支え，三代目社長に就任した石田退三は，「協力工場に対する私の考えは，あくまでも『ギブ・アンド・テイク』に徹するということ。下請けだからといって，いばりかえるのは論外。親会社と協力会とは，どこまでも一心同体，血の通ったものでなければ，というのが，私の年来の主張である」（石田，1968）と述べている。また，トヨタは「協力工場はむやみに変更せず，できるかぎり成績をあげるための手助けをしていく」[12]という考え方を持っていた。従来は指導という形で協力工場をサポートしていたが，会員会社からの希望により，トヨタの援助によって，会員会社が長期経営計画を立案，人員や設備を投入，拡販対策を推進するようになり，協豊会における研究活動はより自発的なものとなった。

(2)　日産の協力会：日翔会

　トヨタグループは，豊田自動織機やトヨタからスピンオフしたサプライヤーを中心に組織化されてきた。これとは対照的に，日産グループは，日産が資本関係や人的関係がなかったサプライヤーを事後的に組織化することによって設立された[13]（丸山・藤井，1991）。例えば，カルソニックの前身である日本ラヂ

10　1957年，東京協豊会は関東協豊会に改称された（『協豊会50年のあゆみ』（P.46）より）。
11　1999年，関東，東海，関西の３地区の協豊会が一元化されて，協豊会が設立された（『トヨタ自動車75年史［資料編］』（P.158）より）。
12　『協豊会50年のあゆみ』（P.44）より。
13　日産は自動車事業自体も外部から取り込むことによってスタートさせている。日本の実業家であった鮎川義介は，1910年に戸畑鋳物株式会社（現在の日立金属株式会社）を設立した。自動車製造に意欲を燃やした鮎川は，1931年にダット自動車製造株式会社（1911年に設立されて，自動車の国産化を進めた快進社を起源とする）を戸畑鋳物の傘下に収めた。1933年には，戸畑鋳物自動車部を創設し，同年には日本産業株式会社と戸畑鋳物の共同出資を受けて，自動車製造株式会社が設立された。1934年には日本産業の100％出資となり，日産自動車株式会社に改称された（堀，2016；日産自動車のウェブサイト資料（https://www.nissan-global.com/JP/COMPANY/PROFILE/HERITAGE/HISTORY））。

エーターは，1932年に設立された自動車修理工場・蜂巣工業所がその起源である[14]。1954年には，主要取引銀行の音頭によって，日産の資本参加が決まった。これを機に，日産のすべてのラジエーター製品を製造する契約を結び，日産の機械設備や役員が送り込まれた。

　トヨタグループとは設立の経緯は異なるが，日産も系列サプライヤーとの相互依存的関係を構築していった。1950年代半ばからの急速なモータリゼーションに対処するために，日産は優良なサプライヤーを確保する必要があった。日産もトヨタと同様に，親睦会的な協力会を組織化していたが，その協力会が発展的に解消されて，1954年に宝会が結成された[15]。宝会は，日産横浜工場に部品を供給しているサプライヤーが中心となって結成された。また，1951年には日産吉原工場へ部品供給するサプライヤーが中心となって睦会が結成された。

　宝会に属していたサプライヤーは個人企業から成長した企業が多く，経営の閉鎖性を生みやすい同族企業的な特徴があった。日産はサプライヤーを同族的企業体質から脱皮させるために，株式公開，日産の資本参加，人材の派遣などを通じて，経営の近代化を進めた[16]。1958年には，宝会と睦会が統合されて，新生「宝会」が組織化された。「さらに一歩進んで部品メーカーの技術革新，体質改善のための組織，より専門的な研究の場を目指して」[17]再編された。1966年には，日産とプリンス自動車が合併した。プリンス自動車の協力会は合併後に解散されたが，桐生機械や栃木富士産業など，プリンス自動車系のサプライヤー16社が宝会に合流した。宝会とは別に，大手企業で構成された晶宝会も1966年に設立された。

　1991年には，宝会と晶宝会が統合されて，日翔会が発足した。2017年度時点では216社が加盟している[18]。日翔会は，部品特性ごとに7つの委員会に分けられており，委員会ごとにサプライヤー間の連携推進を目的としている。近年は，

14　『世界企業への挑戦：日本ラヂエーターからカルソニックへの50年』（P.132）より。
15　『宝会記念誌33年のあゆみ』（P.25）より。
16　『日産自動車社史1964-1973』（P.59）より。
17　『日産自動車社史1964-1973』（P.69）より。
18　『日産自動車グループの実態2018年版』（P.113）より

日産はフランスの自動車メーカー，ルノーとの共同購買を推進していることから，外資系サプライヤーの加盟が増えている。

3.3.4　トヨタ系サプライヤーにおける顧客範囲の拡大戦略

　第三に，サプライチェーンにおける企業間協働や付加価値の創造と分配において，サプライヤーの果たす役割について検討する。具体的には，トヨタグループに属する小糸製作所を対象として，自社の顧客範囲を拡大させるための戦略やプロセスについて概観する。近年，小糸製作所はその売上高や利益を急激に増大させている。特に，新しい技術を確立させることによって，既存顧客だけでなく，新規顧客への売上高を増大させていることが注目される。その背景にはどのような戦略があったのか。また，どのようなプロセスを経て，顧客拡大を実現させているのか。

　また，その戦略やプロセスは，小糸製作所自身だけでなく，トヨタグループのサプライチェーン全体にとってどのような意味があるのかという問いについても検討する。サプライチェーンを構成する企業は，総量が決まった利益のパイを奪い合う関係ではない。互いの戦略や行動によって，サプライチェーン全体の利益のパイが変化する中で，取引先にも何らかのメリットを与えながら，自社の利益のパイも拡大させる必要がある。小糸製作所の顧客拡大戦略が，トヨタグループ，特に最大の取引先であるトヨタにどのような影響を与えているのかという問題は，まさにサプライチェーンにおける付加価値の創造と分配の本質である。

　さらに，小糸製作所の顧客拡大戦略について検討する際に，日本の電機産業における電子部品メーカー，村田製作所と比較することによって，その特徴をより浮き彫りにすることを目指す。自動車産業と電機産業において，売り手であるサプライヤーの顧客拡大の戦略やプロセスがどのように異なっているのかという問題についても明らかにする。

第 | 4 | 章

日本の自動車産業と
電機産業の比較

4.1　はじめに

　本章では，日本の自動車産業と電機産業におけるそれぞれの最終製品組立メーカー（アセンブラー）と，そのアセンブラーに部品を供給する部品メーカー（サプライヤー）との間におけるリスクや利益の分配メカニズムを明らかにし，産業間の違いやその要因について考察する。

　具体的には，以下の2つの比較分析を行う。

　第一に，Lieberman and Asaba（1997）の研究に基づく在庫リスクの分担である。サプライチェーン内のトータル在庫の分担，サプライチェーンにおける川上から川下にかけての各段階別の在庫（原材料在庫，仕掛品在庫，製造品在庫）の変動の比較を行う。

　第二に，Asanuma and Kikutani（1992）の研究に基づいて，付加価値や利益の分配の比較を行う。売上高付加価値率や売上高営業利益率の推移や，生産コストの変動に対して付加価値が変動する程度について分析する[1]。「付加価値とは，人件費を除いたすべての外部支払いを売上高から引いた，企業が生み出

　1　本研究では，データの制約上，生産コスト全体の変動ではなく，原材料費の変動と付加
　　価値の変動を比較する。

表4.1 ▶ ▶ ▶ 本章で行う分析

分　析	具体的な内容
在庫分担	出荷額に占めるトータル在庫の割合の推移 仕掛品，バッファー在庫の変動
利益分配	売上高付加価値率の推移 出荷額，付加価値額，原材料費の変動 売上高営業利益率の推移

出所：筆者作成

　した経済価値の大きさを示すものである」（伊丹，2006）。付加価値から人件費への分配を差し引くと，営業利益という本業による儲けを表す指標となる。すなわち，付加価値は事業活動で創出した価値の人的資源への分配で人件費と，資本への分配を示す営業利益の合計であり，産業や企業が事業活動を通じて生み出した価値の総計である。

　本章で行う分析をまとめると，**表4.1**のようになる。

　具体的には，1985年度から1998年度までの工業統計調査（経済産業省）のデータ（従業者30人以上の事業所に関するデータ）を使用する。また，売上高営業利益率については，『産業別財務データハンドブック』（日本政策投資銀行）のデータを用いる。この期間を分析対象とした理由は2つある。

　第一に，2000年前後に日本の製造業の海外生産比率が上昇したからである。輸送機械産業の海外生産比率は1997年に20％を超え，電気機械産業のそれは2000年に18％に達した[2]。工業統計調査は日本国内の事業所のデータであるため，海外生産に伴うサプライチェーンのグローバル化の影響が比較的少ない1990年代までのデータに基づいて分析を行う。

　第二に，第5章で行うトヨタグループと日産グループの比較分析に合わせたからである。日本の自動車メーカーが構築するサプライチェーンは2000年代に入って大幅に見直されたという研究が数多くあり，分析内容の一貫性を確保するために，1990年代までを分析期間とした。

　2　『第34回海外事業活動基本調査』（経済産業省）より。

　自動車産業については，サプライヤーとしての機能を充足している自動車部品製造業と自動車車体やシャシー組付けを行う自動車車体製造業，サプライヤーから部品供給を受け，完成車の製造・組立を行う自動車製造業を対象とする（**表4.2**）[3]。自動車産業は事業の多角化の程度も低く，最終製品も自動車1種類であり，部品の取引関係が比較的わかりやすい産業である。したがって，自動車製造に関する事業活動の結果としての統計データや財務データを，取引企業間のリスク分担や利益分配の分析に使用しても問題は少ないと考えられる。

　電機産業については，サプライチェーンの川上に位置する電子部品製造業をサプライヤーとする。川下に位置するアセンブラーについては，工業統計調査の電気機械器具製造業の8種類のうち，主として工業用機器と産業用機器を取り扱う産業を除いた4種類を対象とした。具体的には，民生電器製造業（空調・住宅関連機器，衣料衛生関連機器など），電子応用装置製造業（ビデオ機器製造業など），通信機器製造業（テレビ，音響機器など），電子計算機製造業（パソコンなど）である（**表4.2**）[4]。電機産業は，自動車産業ほどアセンブラーとサプライヤーの役割分担が明確ではないし，今回，分析対象としたサプライヤーとアセンブラー間で，全取引が完結しているわけではない。また，電子部品を供給しているサプライヤーは，電子部品製造に特化している企業が多いが，最終製品を取り扱うアセンブラーは，部品供給事業を行っている企業も少なく

3　工業統計調査では，自動車産業を自動車製造業，自動車車体・附随車製造業（自動車車体），自動車部分品・付属品製造業（自動車部品）の3つに分類している。自動車製造業は，完成品である自動車の製造ならびに組立を行う事業所のことである（三輪・二輪自動車を含む）。自動車車体とは，乗用車やトラック，バスの車体の製造や車体のシャシー組付けを行う事業所，およびトレーラーを製造する事業所のことである。今回の分析では，電機産業との比較を行いやすくするため，自動車車体を自動車部品と統合して分析を行う。その理由として，最終製品としての完成品（その多くは自社ブランド）を取り扱う自動車製造業と区別するためである。また，日本の自動車産業では，自社ブランドの完成品を製造する自動車メーカーが，中核企業としてサプライチェーン全体をマネジメントする傾向が強いので，自動車製造業とそれ以外を区別する必要があると考える。

4　日本標準産業分類の第10回改訂に伴い，平成6年調査より，工業統計調査用産業分類が改訂されている。本研究で対象としている産業のうち，自動車産業については影響はない。一方，電機産業においては，細分類化や小分類から中分類への格上げが行われた産業が存在するが，本章で取り上げる時系列的な分析には，大きく影響しないと判断した。

72

表4.2▶▶▶研究対象とする産業

	サプライヤー	アセンブラー
自動車産業	自動車部品製造業 自動車車体製造業	自動車製造業
電機産業	電子部品製造業	民生電器製造業（空調・住宅関連，衣料衛生関連機器など） 電子応用装置製造業（ビデオ機器など） 通信機器製造業（テレビ，音響機器など） 電子計算機製造業（パソコンなど）

出所：工業統計調査に基づき筆者作成

ない。さらに，電機産業で取り扱われている最終製品は，生産規模や技術的成熟度が多様であり（浅沼，1990），取引する製品や部品の特性によって，取引関係の中にいくつかの異質性が存在することに留意する必要がある。

　工業統計調査で取り扱うデータは事業所単位である。「事業所とは，一般的に工場，製作所，製造所あるいは加工所などと呼ばれているような，一区画を占めて主として製造または加工を行っているものをいう」と説明されている。各産業への分類方法は，製造品が単品のみの事業所については，その産業細分類を決定する。製造品が複数の品目にわたる事業所の場合は，製造品出荷額の最も大きいもので分類している。したがって，完全に製造品と部品の分類がなされているわけではないことにも注意をする必要がある。

4.2　在庫リスクの分配メカニズム

4.2.1　トータル在庫の分担

　図4.1は，自動車産業におけるサプライヤー（自動車部品製造業と自動車車体製造業の合計）と，アセンブラー（自動車製造業）の所有する在庫額/各産業の生産額の推移を表している。Lieberman and Asaba（1997）に従って，サプライチェーンにおけるトータル在庫をサプライヤーの原材料・燃料（以下，原材料），半製品・仕掛品（以下，仕掛品），製造品，アセンブラーの原材料，

仕掛品の合計と定義するが，参考としてアセンブラーの製造品在庫も記載している。サプライヤーの全在庫は0.040前後，アセンブラーの原材料と仕掛品の合計は0.014前後，アセンブラーの製造品は0.020前後で推移している。アセンブラーの製造品を除いたトータル在庫の70％強の割合をサプライヤーが所有しており，サプライヤーとアセンブラーの所有割合は，時間の推移につれて大きな変化はない。また，各数値の変動係数は，サプライヤーの全在庫が4.89％，アセンブラーの原材料と仕掛品の合計は6.27％，アセンブラーの製造品は12.07％である[5]。トータル在庫に占めるサプライヤーの在庫の割合は大きいが，その変動幅は小さく，安定的に推移している。

　表4.3は，1985年から1998年における各在庫額（実数）の平均，標準偏差，変動係数を表している[6]。図4.1では，各出荷額に占める相対的な在庫の割合を

図4.1 ▶ ▶ ▶ 在庫/出荷額の推移（自動車産業）

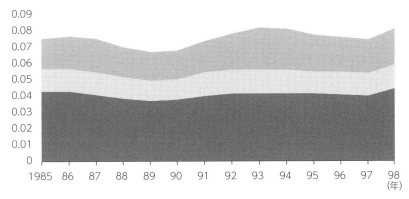

出所：工業統計調査（各年度版）に基づき筆者作成

5　データのばらつきを示す指標としては標準偏差があるが，同じ標準偏差であっても，平均値の大きさが異なれば，ばらつきの程度は異なる。したがって，ばらつきの程度を相対化する指標として，変動係数を用いることがある。変動係数（％）＝標準偏差/平均値×100で表され，平均値の大きさの何割，あるいは何倍の大きさの変動をしているかを意味している。係数が小さいほど変動は小さい。ただし，平均値がゼロに近ければ，係数は異常に大きくなる。その場合は係数が大きくても変動が大きいとは限らない（伊丹，1993）。

表4.3 ▶ ▶ ▶ 自動車産業のトータル在庫

平均値，標準偏差（百万円），変動係数（%）

	サプライヤー （全在庫）	アセンブラー （原材料，仕掛品）	アセンブラー （製造品）
平均値	712,665	275,144	408,737
標準偏差	96,583	37,772	72,861
変動係数	13.55	13.73	17.83

出所：工業統計調査（各年度版）に基づき筆者作成

比較したが，各取引主体が所有する在庫の絶対額については，サプライヤーの所有する在庫額の平均は7,126億円であり，アセンブラーの原材料と仕掛品の平均値2,751億円よりも多い。各変動係数は，サプライヤーが13.55％，アセンブラーの原材料と仕掛品の合計が13.73％であり，あまり大きな差はない。アセンブラーの完成品の変動係数は17.83％であり，最終顧客と接するサプライチェーンの川下に位置する製造品在庫の変動が大きくなっている。

　図4.2は，電機産業におけるサプライヤー（電子部品製造業）とアセンブラー（**表4.2**における4つの製造業の合計）の所有する在庫額/各産業の出荷額の推移を表している。出荷額に占めるすべての在庫額の割合の平均は0.214であり，0.075の自動車産業よりも大きく，サプライチェーン内に存在する在庫量が多いといえる。サプライヤーの全在庫は0.10前後，アセンブラーの原材料と仕掛品の合計は0.07前後，アセンブラーの製造品は0.03前後で推移している。アセンブラーの製造品を除くトータル在庫の50〜60％をサプライヤーが所有しており，自動車産業におけるサプライヤーの全在庫よりも割合が低い。また，各数値の変動係数は，サプライヤーの全在庫が8.07％，アセンブラーの原材料と仕掛品の合計は5.47％，アセンブラーの製造品は6.99％であり，サプライヤーの所有する在庫の変動が相対的に大きい。

　表4.4は，1985年から1998年における各在庫額（実数）の平均値，標準偏差，

　6　本来，時系列データを扱う場合は，物価の変動を考慮する必要がある。今回は全体的な傾向を把握することを主たる目的として，より詳細な分析は今後の研究としたい。

図4.2▶▶▶在庫/出荷額の推移（電機産業）

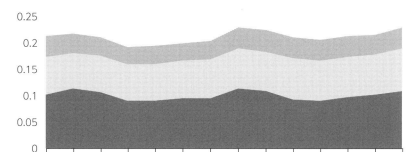

■サプライヤー（全在庫）　□アセンブラー（原材料＋仕掛品）　■アセンブラー（製造品）

出所：工業統計調査（各年度版）に基づき筆者作成

変動係数を表している。電機産業において，各取引主体が所有する在庫の絶対
額について，サプライヤーの所有する平均在庫額は1兆3,360億円であり，ア
センブラーの原材料と仕掛品の合計は1兆7,042億円であった。各変動係数は，
サプライヤーが23.14％，アセンブラーの原材料と仕掛品の合計が11.18％であっ
た。また，アセンブラーの製造品の平均在庫額は8,548億円であり，その変動
係数は，10.82％であった。電機産業では，サプライチェーンの川上に位置す
るサプライヤーの所有する在庫の変動が，川下のアセンブラーよりも大きいと
いう特徴がある。

表4.4▶▶▶電機産業のトータル在庫

平均値，標準偏差（百万円），変動係数（％）

	サプライヤー （全在庫）	アセンブラー （原材料，仕掛品）	アセンブラー （製造品）
平均値	1,336,005	1,704,208	854,881
標準偏差	309,177	190,477	92,471
変動係数	23.14	11.18	10.82

出所：工業統計調査（各年度版）に基づき筆者作成

4.2.2　仕掛品在庫とバッファー在庫

　図4.3は，サプライチェーンの川上から川下に至るまでの各段階における在庫（絶対額）の変動係数を表している。自動車産業において，最も変動が激しい段階は，アセンブラーの製造品（17.83％）であり，次いで，サプライヤーの仕掛品（16.47％），アセンブラーの仕掛品（15.61％）となっている。後述する電機産業と比較すると，川上のサプライヤーと川下のアセンブラーとの差はあまり大きくはなく，全体的に変動幅が平準化されている。特に，両者の仕掛品在庫の変動係数に大きな差はなく，両者の生産工程の連動性は高いと考えられる。さらに，トータル在庫の中でも，バッファー在庫の分担関係の比較を行う。バッファー在庫とは，サプライヤーの製品在庫とアセンブラーの原材料在庫の分担関係の合計のことである（Lieberman and Asaba, 1997）。両者間で分担するバッファー在庫を比較すると，サプライヤーの製造品在庫の変動係数は13.01％であり，アセンブラーの原材料在庫の10.98％よりも大きいが，後述する電機産業よりも差は小さい。総じて，自動車産業ではサプライチェーンの

図4.3▶▶▶段階別在庫の変動係数

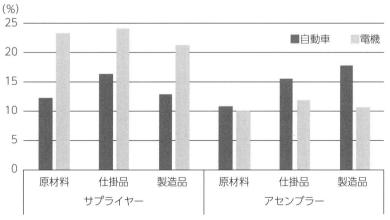

出所：工業統計調査（各年度版）に基づき筆者作成

川上にさかのぼるほど，在庫の変動が激しいわけではなく，在庫の変動リスクが相対的に低く抑えられており，川上のサプライヤーに在庫リスクが集中しないようになっているといえる。

　電機産業において，最も変動の大きい在庫は，サプライヤーの仕掛品（24.36％）であり，次いでサプライヤーの原材料（23.51％），サプライヤーの製造品（21.36％）となっている。両者間のバッファー在庫についても，サプライヤーの製造品（21.36％）のほうが，アセンブラーの原材料（10.07％）よりも大幅に大きい。電機産業では，サプライヤーである電子部品産業の所有する在庫の変動が全体的に大きい。すなわち，サプライチェーンの川上にさかのぼるほど在庫の変動が激しくなる傾向が見られる。これは，サプライチェーンにおける需要の変動が，川上にさかのぼるほど実態から乖離して，増幅されていくというブルウィップ効果（Bullwhip Effect）が表れているといえる（Lee, Padmanabhan and Whang, 1997）。鞭効果ともいわれるブルウィップ効果は，「サプライチェーン内に情報の遅れ（需要の変化に気づき対応する時間），納品の遅れ（在庫を調整し供給ラインの各段階の流れを調整する時間），事の重大さに対する認識の甘さや誤算，注文の過不足（新しいレベルの需要に対応しようとして供給過剰になったり供給不足になったりする），受注の大幅低下やレイオフ（一時解雇）といった事態」（Fine, 1998）の影響がサプライチェーンをさかのぼるほど大きくなるからである。電機産業では，川上のサプライチェーンに在庫リスクが集中しており，サプライチェーン全体でリスクを抑制しようという傾向はあまり見られないといえる。

4.3　付加価値の分配メカニズム

4.3.1　売上高付加価値率の推移

　図4.4は自動車産業におけるアセンブラー（自動車製造業）とサプライヤー（自動車部品製造業と自動車車体製造業の合計）の売上高付加価値率（付加価

図4.4 ▶ ▶ ▶ 売上高付加価値率の推移（自動車産業）

出所：工業統計調査（各年度版）に基づき筆者作成

値額/各製造業の出荷額）の推移を表している。それぞれの付加価値率の平均
値は，サプライヤーが29.26％，アセンブラーが21.52％であり，サプライヤー
のほうが一貫して高水準で推移している。1990年代前半には，アセンブラーの
付加価値率が下降して両者の差が開いたが，1990年代後半にかけて，アセンブ
ラーの付加価値率が上昇してその差が小さくなった。両者の変動係数は，サプ
ライヤーが3.89％，アセンブラーが13.56％であり，出荷額に占める付加価値の
割合については，サプライヤーのほうが，安定して高い水準で推移している。

　売上高付加価値率はサプライヤーのほうが高水準であったが，実際の付加価
値額の大きさや変動に関しては，アセンブラーとサプライヤーとの間に大きな
差は見られない。**表4.5**は，1985年から1998年までの自動車産業における出荷
額，付加価値額，原材料費の平均，標準偏差，変動係数を表している。自動車
産業ではアセンブラーの付加価値額の平均は約4兆2,399億円であり，サプラ
イヤーのそれは約5兆1,564億円であった。変動係数については，アセンブラー
が18.71％，サプライヤーが15.02％であり，サプライヤーのほうが付加価値額
は高水準で安定していることがわかる。また，サプライヤーの原材料費と出荷

表4.5 ▶ ▶ ▶ 出荷額，付加価値額，原材料費の変動（自動車産業）

平均値，標準偏差（百万円），変動係数（%）

	サプライヤー			アセンブラー		
	出荷額	付加価値額	原材料費	出荷額	付加価値額	原材料費
平均値	17,595,516	5,156,476	10,419,655	19,668,331	4,239,895	14,001,385
標準偏差	2,357,996	774,703	1,289,536	2,203,977	793,096	2,028,609
変動係数	13.40	15.02	12.38	11.21	18.71	14.49

出所：工業統計調査（各年度版）に基づき筆者作成

額の各変動係数は，12.38％と13.40％であり，同程度の変動が見られる。すなわち，原材料費の変動分を出荷額に転嫁することによって，獲得する付加価値額の安定化を図っていると考えられる。

　他方，アセンブラーの原材料費と出荷額の各変動係数は，14.49％と11.21％であった。アセンブラーはサプライヤーから購入する原材料費の変動分を最終顧客への製品価格である出荷額にそのまま転嫁することなく，アセンブラー自身の付加価値額をバッファーとすることによって，サプライヤーの原材料費の変動リスクを，ある程度吸収しているのではないかと考えられる。付加価値額の変動係数は18.71％と最も大きい。また，原材料費と付加価値の絶対額の変動を比較するために，原材料費の標準偏差/付加価値額の標準偏差を計算した結果，サプライヤーが1.66，アセンブラーが2.56となった。すなわち，付加価値額の変動に対する原材料費の変動は，サプライヤーが1.66倍，アセンブラーが2.56倍となり，原材料費の変動リスクに対するアセンブラーの負担が大きいといえる。さらに，Asanuma and Kikutani（1992）に基づき，シェアリング係数 a = 1 －（サプライヤーの付加価値額の標準偏差/サプライヤーの原材料の標準偏差）を算出したところ， a =0.40となり，後述する電機産業の数値よりも高い結果となった。少なくとも，電機産業に比べて，原材料費の変動リスクが吸収されているのではないかと考えられる。

　図4.5は，電機産業におけるアセンブラー（4製造業の合計）とサプライヤー

図4.5▶▶▶売上高付加価値率の推移（電機産業）

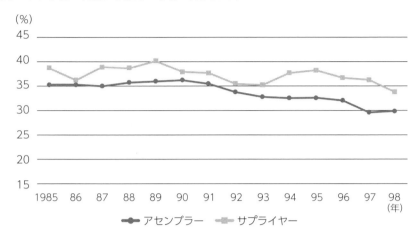

出所：工業統計調査（各年度版）に基づき筆者作成

（電子部品製造業）の売上高付加価値率（付加価値額/各製造業の出荷額）の推移を表している。1985年から1998年までの両者の付加価値率の平均は，アセンブラーが33.73％，サプライヤーが37.01％であった。全体的に，電機産業の付加価値率は自動車産業よりも高いが，自動車産業と同様に，サプライヤーのほうが一貫して高い水準で推移している。1990年代前半には，両者の差は小さくなったが，1990年代後半にかけて，アセンブラーの付加価値率が下降して両者の差は拡大した。それぞれの変動係数は，サプライヤーが4.69％，アセンブラーが6.52％であり，出荷額に占める付加価値の割合については，自動車産業と同様に，サプライヤーのほうが安定しているが，自動車産業ほどアセンブラーの変動も激しくない。

　表4.6は，電機産業におけるアセンブラー，サプライヤーの出荷額，付加価値額，原材料費の平均値，標準偏差，変動係数を表している。電機産業は，自動車産業ほど両者の関係が緊密ではなく，今回，対象としていない産業との取引も行われている。したがって，今回の分析だけで分配メカニズムのすべてが明らかになるわけではないが，どのような傾向が見られるか考察したい。

表4.6▶▶▶出荷額，付加価値額，原材料費の変動（電機産業）

平均値，標準偏差（百万円），変動係数（%）

	サプライヤー			アセンブラー		
	出荷額	付加価値額	原材料費	出荷額	付加価値額	原材料費
平均値	13,151,510	4,848,013	5,940,799	22,858,057	7,703,328	13,363,662
標準偏差	3,024,893	1,039,962	1,414,148	1,890,254	756,778	1,363,741
変動係数	23.00	21.45	23.80	8.27	9.82	10.20

出所：工業統計調査（各年度版）に基づき筆者作成

　両者の付加価値額の平均は，アセンブラーが7兆7,033億円であり，サプライヤーが4兆8,480億円である。ただし，両者の変動プロセスは全く異なっている。1991年までは，両者とも右肩上がりで推移したが，その後は，多少の変動はあるものの，同じように右肩上がりで付加価値額を創出し続けたサプライヤーに対して，アセンブラーの付加価値額は急落している。1985年当時は，アセンブラーの付加価値額は，サプライヤーの約2.1倍であったが，1998年ではサプライヤーの約1.2倍となり，両者の付加価値額の差はほとんどなくなった。

　サプライヤーの変動係数については，出荷額，付加価値額，原材料費ともに20%台前半であり，変動は大きい。また，自動車産業のサプライヤーと同様に，3指標間における差はあまりない。他方，アセンブラーの変動係数はそれぞれ，8.27%，9.82%，10.20%であり，これらの変動係数はサプライヤーのそれらと比べてかなり小さい値となっている。原材料費と付加価値額の絶対額の変動を比較するために，原材料費の標準偏差/付加価値額の標準偏差を計算した結果，サプライヤーが1.36，アセンブラーが1.80となった。付加価値額の変動に対する原材料費の変動は，サプライヤーが1.36倍，アセンブラーが1.80倍であり，原材料費の変動リスクに対しては，アセンブラーのほうが負担は大きいが，前述した自動車産業ほどの差は見られなかった。また，シェアリング係数を算出した結果，$a = 0.26$となり，自動車産業の$a = 0.40$に比べて小さい数値となった。電機産業では，コストプラス契約よりも固定価格契約の傾向が強く，サプライヤーは，自ら原材料費の変動リスクを負担する割合が高くなっているので

はないかと考えられる[7]。

4.3.2 売上高営業利益率の推移

　次に，本業の儲けを表す営業利益の分配結果については，どのような特徴が見られるのであろうか。**図4.6**は，自動車産業におけるアセンブラー（自動車組立産業）とサプライヤー（自動車部品産業）の売上高営業利益率の推移を表している[8]。1985年から1998年までの平均は，アセンブラーが2.76％，サプライヤーが2.99％であった。1990年までは両者は同じような動きを見せていたが，1990年代前半にアセンブラーの利益率が0％台にまで下落し，1990年代後半には4％台に上昇した。その間，サプライヤーは2〜3％で推移していた。両者の標準偏差は，アセンブラーが1.36％，サプライヤーが0.64％であり，安定したサプライヤーに対して，アセンブラーの変動幅が大きいといえる。

　図4.7は電機産業におけるアセンブラーとサプライヤーの売上高営業利益率の推移を表している。サプライヤーである電子部品産業の平均利益率は6.89％であった。アセンブラーである4つの産業については，コンピュータ・電機が3.03％，産業用電気機器が3.39％，産業用通信機器が3.70％，民生用電気機器が2.43％であり，電子部品産業よりも低い水準で推移している。各産業の標準偏差については，電子部品産業が1.70％，コンピュータ・電機が1.79％，産業用電気機器が1.83％，産業用通信機器が2.12％，民生用電気機器が1.11％であった。民生用電器産業以外は全体的に高く，利益率の変動が激しいといえる。

7　今回の分析では，自動車産業との比較を行うために，電機産業を単純に一括りに取り扱っているが，実際は，電機産業の中でも，製品・部品特性によって，出荷額，付加価値額，原材料費の変動係数は異なっている。全体的には，民生電器産業と通信機器産業の変動係数は相対的に小さく，電子応用装置産業と電子計算機産業のそれらは大きいという傾向があった。

8　『産業別財務データハンドブック』（日本政策投資銀行編）に基づく。1985年から1987年までは1995年版を，1988年から1998年までは1999年版のデータを使用している。両者の集計対象企業が若干異なっている産業もあり，厳密にはデータの一貫性があるとはいえない。しかし，利用不可能なほどのデータの乖離はないことから，全体的な傾向を把握することを目的として，これらのデータを使用した。なお，ここで使用しているデータは単独決算に基づいている。

図4.6 ▶ ▶ ▶売上高営業利益率の推移（自動車産業）

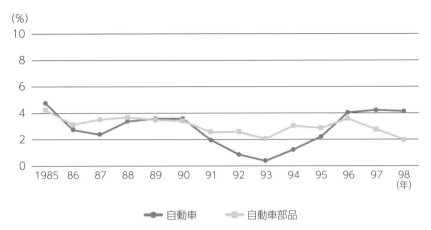

出所：産業別財務データハンドブック（1995年版，1999年版）に基づき筆者作成

図4.7 ▶ ▶ ▶売上高営業利益率の推移（電機産業）

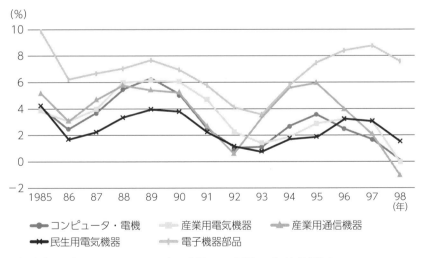

出所：産業別財務データハンドブック（1995年版，1999年版）に基づき筆者作成

4.4　考　　察

4.4.1　自動車産業と電機産業の違い

　自動車産業と電機産業におけるアセンブラーとサプライヤーの所有する在庫や獲得した付加価値額の比較によって，以下のような相違点が明らかになった（**表4.7**）。

　第一に，自動車産業では，全体的にサプライチェーン内に存在する在庫が少ない。サプライヤーの所有する割合は，約70％と高い。ただし，その変動係数は4.9％と低く抑えられており，相対的にサプライヤーのほうが所有する在庫は安定している。各段階別の在庫変動については，川上から川下までの差があまり大きくない。バッファー在庫の分担も，サプライヤーのほうが少ないが，差はあまりない。また，付加価値分配については，サプライヤーのほうが売上高に占める割合が高く，安定もしている。シェアリング係数も電機産業より高く，アセンブラーによって，サプライヤーの原材料費の変動リスクが吸収される傾向が強いと考えられる。

　他方，電機産業では，サプライチェーン内に存在する在庫が多い。サプライヤーの所有する割合は，自動車産業よりも低い。ただし，その変動係数は10％であり，アセンブラーよりも変動が大きいといえる。各段階別の在庫変動については，アセンブラーの製造品在庫の変動が大きい。また，川上にさかのぼるほど，変動が大きくなるというブルウィップ効果も見られた。バッファー在庫についても，サプライヤーのほうが分担割合は大きいといえる。さらに，付加価値分配については，自動車産業と同様に，サプライヤーのほうが売上高に占める割合は高く，変動係数も小さいので安定している。ただし，原材料費と付加価値額との比較，シェアリング係数の結果から，自動車産業よりも，アセンブラーによるサプライヤーの原材料費の変動リスクの吸収が実施されていないと考えられる。

表4.7 ▶ ▶ ▶両産業における利益・リスクの分配の特徴

	自動車産業	電機産業
在庫分担	トータル在庫に占めるサプライヤーの所有する割合は大きいが，その変動は小さい。	トータル在庫に占めるサプライヤーの所有する割合は，自動車産業よりも小さいが，変動は大きい。
	各段階における在庫の変動は，全体的に小さく，それらの格差もあまりない。バッファー在庫の負担割合もあまり差はない。	サプライチェーンの川上と川下ほど，在庫の変動が激しい。バッファー在庫の分担は，サプライヤーのほうが大きい。
付加価値分配	サプライヤーの売上高付加価値率は高く，変動も小さい。付加価値額の変動も小さい。シェアリング係数は大きい。両者の売上高営業利益率は同程度であるが，アセンブラーよりもサプライヤーのほうが安定している。	サプライヤーの売上高付加価値率は高く，変動も小さいが，付加価値額の変動は大きい。シェアリング係数は小さい。サプライヤーの売上高営業利益率は高いが，それらの変動はサプライヤーもアセンブラーも高い。

出所：筆者作成

4.4.2　取引構造と利益・リスク分配

　自動車産業と電機産業におけるアセンブラー・サプライヤー間の利益やリスクの分配の違いの要因として，両産業における取引構造と分業構造に注目する。第一に，取引構造について，両産業では以下のような違いが指摘されている。

　自動車産業では，一般的にアセンブラーは少数のサプライヤーと長期継続的に取引を行っている（藤本，1995；1997）。アセンブラーの部品の外注率は約70%と高く，アセンブラーとサプライヤーとの間には，長期的取引をベースとした階層構造が形成されている。ある特定のアセンブラーに対して，取引を推進するためのサプライヤーの組織である協力会が存在している。協力会とは，アセンブラーとサプライヤーが製品開発などに対して，頻繁に情報交換を行い，直接的な取引を行うための組織である[9]。アセンブラーはすべての部品を協力会の属しているサプライヤーから購入しているわけではないが，取引先の多くは，

9　詳しくは第3章を参照。

協力会のサプライヤーが占める。協力会の存在は，自動車産業における長期継続的で安定した取引関係に少なからず影響を与えている。

　長期継続的関係に基づいて，どのような付加価値分配が行われるのであろうか。例えば，アセンブラーが，あるサプライヤーと取引関係に入ろうとする時に交わされるフォーマルな契約では，「納入部品の価格は，甲乙協議の上決定する」と定められている（浅沼，1997）。この契約の有効期間は通常，１年であり，どちらかが異議を申し立てない限り自動的に更新される。また，価格再交渉の機会が定期的に設けられていることも確認されている[10]。部品価格の決定は，アセンブラーが新車の予定販売価格の設定をした後に，目標製造原価を定めてサプライヤーに指示し，サプライヤーが見積価格を提示する。その後，アセンブラーが発注先のサプライヤーを決定した後，双方の協議と協力によってコスト削減活動が行われ，取引価格が決定される。大まかな内容の契約を行った後は，逐次相談しながら取引が実行されていく。つまり，長期的で安定した取引関係が構築されている。実際に，中核企業にはサプライヤーに対する「ノンスイッチング」という慣行がある。ノンスイッチングとは，モデルチェンジが行われるまでの期間，中核企業はサプライヤーの切り替えを行わないというものである。契約終了後に契約を更新するという公的な保証はないが，モデルチェンジがあっても引き続き同じサプライヤーから購入する場合が多い。近年は４年に一度，フルモデルチェンジを行い，部品によっては２年に一度のマイナーチェンジの際に変わる場合がある。このように，アセンブラーに対するサプライヤー数は相対的に少数であり，時間を通してメンバーの同一性が相対的に安定していることが自動車産業の取引の特徴である。

　他方，電機産業では，取り扱う製品の特性によって異なるが，相対的に少数のサプライヤーと長期継続的な取引関係を前提とするとは限らない（浅沼，1997）。Asanuma（1989）や浅沼（1989）は自動車産業におけるサプライヤーを，貸与図部品メーカー，承認図部品メーカー，市販品メーカーに分類してい

　10　通常は年２回，６か月間隔で行われる（浅沼，1997）。

るが，自動車産業では市販品メーカーに分類される比率はほとんどないという。これに対して，この3分類を電機産業に適用した研究がある（鄒，1991）。テレビ部品の取引の場合は，自動車と同様に，貸与図，承認図などのアセンブラーの要求に合わせた部品の割合が高いが，市販品部品メーカーの割合も約20％あり，自動車に比べると相当高い割合になるという。電機産業においても，アセンブラーとサプライヤーの部品取引には基本契約が存在するが，この契約の買い手側は中核企業の各事業所単位で締結される（浅沼，1997）。同一企業の複数の事業所に共通して使用される部品については本社が一括して購入するが，購買活動の詳細については事業所レベルで把握する必要がある。この産業での基本契約は，2年または4年というような長い期間の取引を想定していない。また，価格調整が行われる頻度に関する条文を含んでいない。つまり，中核企業の事業所に対して納入しているサプライヤーのうち，すべてについて長期的関係を構築しているとは限らない。

　以上のような取引構造の違いは，利益やリスクの分配にどのような影響を与えるのであろうか。自動車産業では，特定の取引先と継続的に取引を行うという意図を持っており，より有利な条件の取引先にその都度変更する可能性が低い取引である。このように，意図的に長期継続的取引を前提としている場合は，利益・リスク分配についても長期的な視野に基づいて行うことが可能となる。つまり，1回限りの取引ではないことから，好況や不況などの市況の変化を考慮した利益・リスク分配を行うことができる。例えば，好況期に大きいシェアの利益を獲得する企業は，逆に不況期には相対的に大きい割合のリスクを負担することによって，バランスをとる。他方，変動リスクに弱い企業は，好況期であっても相対的に大きな利益のシェアを獲得することができるわけではないが，不況期には，リスク負担の割合も小さくて済む。意図的な継続的取引の下では，サプライチェーンの一部，特に変動リスクに弱い取引主体にリスクが集中しないように一定の期間でバランスをとることが可能となる。

　他方，電機産業では，長期的取引や市場取引が混在している。また，電子部品製造から完成品製造まで事業を拡大している企業（例えば総合電機メーカー）

では，企業（グループ）内部での部品取引が行われている。電機産業では市販品の割合が高いことからも，市場取引が相対的に高い割合で行われていることがわかる。しかし，市場取引であるからといって，取引機会のたびに取引相手を変更しているとは限らない。市場原理によって選択された企業が結果として同じ相手である場合もある。このような取引は「結果としての継続的取引」であるといえる。このような市場取引や結果としての継続的取引に基づく利益・リスク分配では，短期間で分配のバランスがとられる。継続性が前提とされない取引では，好不況に関わりなく，一定の分配メカニズムに基づいており，取引ごとの貢献に応じた利益やリスクの分配が行われる。一方がより多くのリスクを負担すれば，より多くの収益を獲得する。電機産業の場合は，サプライヤーが不況期により多くのリスクを負担する代わりに，好況期により多くの利益を獲得している。逆に不況期にあまりリスクを負担しなければ，好況期に獲得する利益も少なくなる。自動車産業のように一方が他方のリスクを負担しない代わりに，取引ごとの貢献に応じた利益の分配が行われるのである。ハイリスク・ハイリターンの企業とローリスク・ローリターンの企業が明確に分類される利益・リスク分配のメカニズムが働いている。

4.4.3　分業構造と利益・リスク分配

　第二に，自動車産業と電機産業では，分業構造の違いもある。

　自動車産業では，アセンブラーは完成車の組立事業を中心的に行い，サプライヤーは部品の生産・開発に専念しており，垂直的な分業が進んでいる。エンジン，トランスミッション，アクセル，ボディプレスといった主要部品は内製するが，多数の部品は外注している。各アセンブラーは，一次サプライヤー，二次，三次サプライヤーというように，多数のサプライヤーに対して垂直的な分業構造を形成しており，サプライヤーはアセンブラーの生産システムの中に組み込まれ，アセンブラーによるコスト管理，納期厳守，品質改善，技術指導が行われる。生産段階では，アセンブラーとサプライヤーはJIT生産方式により，相互に連携のとれた生産システムを構築している（門田，1989）。トヨタ

自動車が構築したJIT生産方式は，工程間の情報のやり取りを「かんばん」に
よって行い，生産プロセスにおける在庫の最少化を目的としている。JIT生産
方式とは，工程間の「かんばん」の受け渡しにより，どの工程も次の工程の要
求する分量だけを生産することによって，在庫を持つ代わりに各生産段階の製
品が次の段階へと，ジャストインタイムで引き渡せるような生産システムであ
る。トヨタ自動車は1960年代前半までに，かんばん方式を全社的に展開し，
1960年代後半に第一次サプライヤーにまで広めて，部品納入における同期化を
実現した（門田，1989）[11]。

　他方，電機産業では，最終製品の製造と部品の製造の分業化が自動車産業ほ
ど進んでおらず，最終製品を生産するアセンブラーが部品の生産も行い，逆に
サプライヤーが最終製品も生産している状況が，大企業を中心に見られ，サプ
ライヤーはアセンブラーに対して，売り手でもあり買い手でもある場合がある。
つまり，電機産業では垂直的な取引関係にある産業間での双方向の取引が行わ
れており，垂直的に複雑な取引構造となっている。また，アセンブラー間での
水平的な取引も行われているのが現状である。例えば，あるアセンブラーが，
ライバルであるはずの競合企業から部品を購入しているケースもある。垂直的
にも水平的にも棲み分けが実現されていない。自動車産業では，エンジンを他
のライバル企業から購入することはあまりない。電機産業では，完成品メー
カーとそれに部品を供給するサプライヤーは，自動車産業のように徹底された
分業構造が構築されているわけではなく，相互に事業内容が重複している企業
が多く存在している。また，近年ではパソコンや携帯電話産業を中心として，
EMS（Electronics Manufacturing Service）という業態が出現している。
EMSとは，電子機器製造における調達，製造，設計を請け負う電子機器の受
託製造サービスを行う企業のことである（秋野，2008）。EMSは複数の大手電

　11　日産自動車では同様のシステムをAP方式（Action Plate method）と呼んでいる。しかし，
　　1974年から実施されてきたAP方式は，生産の平準化の困難性から1984年以降中止された（門
　　田，1989）。その後，日産は1994年頃から「日産生産方式」として同期生産の実施に取り組
　　んだ（日産自動車NPW推進部，2005）。

機メーカーから生産のアウトソーシングを請け負う。電機メーカー側のメリットは，リスクの削減と経営資源の集中であり，EMS側のメリットは，複数企業からの生産をまとめて受託することにより，1社だけの需要に影響されずに安定した需要を見込み，生産設備の有効利用，大量の部品調達によるコスト低下を実現することである。EMSによって日本の電機産業でも水平的な分業が進展している。

　このような分業構造の違いは，利益やリスクの分配にどのような影響を与えるのであろうか。

　自動車産業では，部品製造に特化しているサプライヤーと，一部の部品は内製しているが，基本的には自動車組立を主要事業としているアセンブラーが，垂直的な分業構造を構築している。垂直的な分業が進展している自動車産業では，部品取引において売り手と買い手の関係が固定的である。部品取引において売り手であるサプライヤーと，買い手であるアセンブラーとの関係は，基本的には変化しない。つまり，サプライヤーは売り手の論理を徹底することが可能となる。売り手の論理とは，買い手に売り手の言い値を受け入れさせようとする，プライスリーダーであろうとすることである。逆にアセンブラーは，売り手に買い手の言い値を受け入れさせようとする買い手の論理を徹底することができる。

　他方，電機産業では，電子部品産業に特化しているサプライヤーや，部品製造から完成品の製造まで事業を拡大させている企業（特にアセンブラー）が存在している。また近年では，完成品のアセンブリーに特化した事業を展開しているEMSの出現によって，垂直的な業務範囲が多様化している企業が混在している。そのような電機産業では垂直的な分業が複雑な構造となっている。特に総合電機メーカーは，ある取引では売り手の立場であるが，別の取引では同一の取引相手に対して，買い手の立場になることがある。つまり，取引によって，売り手や買い手の立場が変化することによって，売り手と買い手のそれぞれの論理を徹底することが困難になる。以上のような分業構造が，利益・リスク分配に影響を与えていることが考えられる。

第│5│章

トヨタグループと
日産グループの比較

5.1　はじめに

　前章では，日本の自動車産業と電機産業における部品取引を比較し，産業に
よる利益やリスクの分配メカニズムの違いを明らかにした。しかし，同じ産業
に属していても，企業によって価値創造や価値分配の特徴が異なることが考え
られる。本章では，日本の自動車産業に属するトヨタグループと日産グループ
に注目し，両グループにおける自動車部品取引を通じて，利益の分配やリスク
の分担の実態を明らかにする。本章においても，前章と同様に，企業活動の結
果を表す財務データを用いることによって，以下の2つの分析を行う。

　第一に，自動車メーカーとサプライヤーが所有している在庫（トータル在
庫：原材料，仕掛品，製品の合計）の推移の比較を行う。Lieberman and
Asaba（1997）は，在庫削減を生産性の指標として分析したが，本章では在庫
リスクの分担の指標として分析を進める。

　第二に，Asanuma and Kikutani（1992）や岡室（1995）に基づきながら，
最終的に獲得した付加価値や利益（本業の儲けを表す営業利益）の推移の比較
に基づきながら，需要やコストの変動リスクの分配について検討する。

　今回の分析では，トヨタとトヨタ系サプライヤー21社，日産と日産系サプラ

イヤー20社を対象とした（**表5.1**）。系列サプライヤーは，『企業系列総覧』に
トヨタ系列，および日産系列として掲載されているサプライヤーのうち，トヨ
タ自工とトヨタ自販が合併してから数年後の1985年度から，日産が日産リバイ
バルプランによって系列サプライヤーとの関係の大幅な見直しを開始する前の
1998年度までの期間について，有価証券報告書から財務データ（単独決算）が
継続的に得られる企業を分析対象とした[1]。これらのサプライヤーは，自動車
メーカーがグループ企業として認識している企業や，取引内容から客観的に判
断して，グループ企業と認識しても差し支えない企業であるといえる[2]。

　表5.2は，1991年度から1998年度までの期間において，トヨタと日産の材料
費に占める各系列サプライヤーのトヨタおよび日産向け販売金額の割合と，ト
ヨタと日産の系列サプライヤーの売上高の合計に占めるトヨタおよび日産向け
販売金額の割合を示している。

　前者については，トヨタが40%台後半で推移していたが，1997年度と1998年
度は50%台後半に急上昇した。期間全体の平均は49.6%であった。日産につい
ては50%台前半で推移していたが，1990年代後半は50%台後半に上昇している。

表5.1▶▶▶分析対象としたサプライヤー（企業名は1998年当時）

トヨタ系サプライヤー21社	日産系サプライヤー20社
豊田紡織，中央可鍛工業，中央発條，光洋精工，東京焼結金属，豊田自動織機，トリニティ工業，豊田工機，尾張精機，シロキ工業，トヨタ車体，東海理化，デンソー，小糸製作所，関東自動車工業，フタバ産業，豊田合成，アイシン精機，カヤバ工業，太平洋工業，愛三工業	鬼怒川ゴム工業，日本気化器，桐生機械，日産車体，橋本フォーミング工業，市光工業，カルソニック，フジユニバンス，河西工業，自動車電機工業，富士機工，栃木富士産業，カンセイ，愛知機械工業，池田物産，トーソク，シンニッタン，エクセディ，ユニシアジェックス，タチエス

出所：『企業系列総覧』（各年度版）に基づき筆者作成

1　『企業系列総覧』（東洋経済新報社）の1985年版から1998年版において，継続的に系列サ
プライヤーとして記載されている企業を選定した。ただし，トヨタ系のサプライヤーに属す
る共和レザーは，トヨタへの販売比率が極端に低いので，分析対象から除外した。
2　ただし，トヨタや日産が最大の顧客ではないサプライヤーも含まれている。また，決算
時期を変更した企業については，年換算している。

表5.2 ▶ ▶ ▶ 取引依存度の変化

年度	販売金額/自動車メーカー材料費 (%)		販売金額/サプライヤー売上高 (%)	
	トヨタ	日産	トヨタ	日産
1991	46.9	53.1	61.8	72.1
1992	47.7	53.8	63.5	71.0
1993	47.2	54.8	62.1	71.3
1994	47.0	53.8	60.5	69.2
1995	47.4	54.0	58.7	70.6
1996	45.8	54.7	58.2	70.3
1997	58.2	57.1	57.8	69.9
1998	56.3	57.4	57.3	69.4
平均	49.6	54.8	60.0	70.5

出所：各自動車メーカー，各サプライヤーの有価証券報告書に基づき筆者作成

期間の平均は54.8%であった。これらの数値は，トヨタは材料費の約50%を系列サプライヤー21社から，日産は材料費の約55%を系列サプライヤー20社から購入していることを意味する。

　他方，後者については，トヨタ系サプライヤー21社が60%台前半で推移していたが，1990年代後半は50%台後半に下降している。期間の平均は60.0%であった。日産系サプライヤー20社については，70%前後で推移しており，期間の平均は70.5%であった。すなわち，トヨタ系サプライヤー21社における売上高の約6割はトヨタ向けであり，日産系サプライヤー20社の売上高の約7割は日産向けということになる。**図5.1**は両グループにおける自動車メーカーとサプライヤーのお互いの取引依存度を示している。

　したがって，分析対象として任意に選択された系列サプライヤーの数は日産グループのほうが1社少ないが，主要顧客である日産への取引依存度が低いわけではない。むしろ，日産系列サプライヤーの売上高に占める日産向けの割合や，日産が系列サプライヤーから購入した材料費の割合は高く，トヨタよりも相対的に緊密な取引関係が構築されていたといえる。一方で，トヨタグループと日産グループを比較することが困難なほど，両グループの取引依存度が極端

図5.1 ▶▶▶ 両グループにおける取引依存度

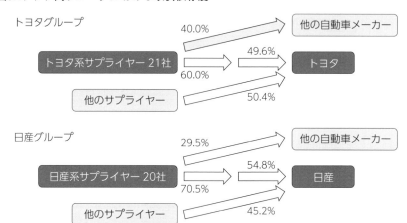

出所：各自動車メーカー，各サプライヤーの有価証券報告書に基づき筆者作成

に異なっているわけではない。

　取引相手別の財務データを入手することが困難である以上，限られたデータではあるが，部品取引において獲得した利益の分配やリスクの分担について，ある程度の傾向を把握することは可能であると考える。また，調査対象期間において，自動車メーカー，サプライヤーのお互いの取引依存度が大幅に変化していないことが確認されたことは，時系列的な比較が可能であるといえる。

5.2　在庫の分配結果

5.2.1　トータル在庫の分担

　図5.2は，1985年から1998年までのトヨタとトヨタ系サプライヤー21社合計の所有する在庫（金額ベース）／トヨタの売上高の推移を表している。サプライチェーンにおけるトータル在庫をサプライヤーの全在庫，アセンブラーの原材料と仕掛品の合計，アセンブラーの製品の３つに分類したところ，各在庫の

平均は，トヨタ系サプライヤーが0.022，トヨタの原材料と仕掛品が0.009，トヨタの製品が0.016であった。また，トータル在庫に占める割合は，サプライヤーが約50％，トヨタの原材料と仕掛品が約20％，トヨタの製品が約30％となっており，後述する日産よりも，サプライヤーの割合が高い。

　他方，**図5.3**は日産と日産系サプライヤー20社合計の在庫（金額ベース）/日産の売上高の推移を表しているが，トヨタと比べて，売上高に占めるトータル在庫の割合が大きく，サプライチェーン内の在庫量が相対的に多い[3]（トヨタは1990年代後半を除いて0.05以下，日産は0.05～0.08で推移）。各在庫の平均は，日産系サプライヤーが0.018，日産の原材料と仕掛品が0.021，日産の製品が0.067である。また，トータル在庫に占める割合は，サプライヤーが約30％，日産の原材料と仕掛品が約30％，日産の製品が約40％となっており，トヨタグループよりもアセンブラーの各在庫の割合が高くなっている。

　さらに，各在庫の推移の変動を比較するために変動係数を算出したところ，トヨタ系サプライヤーは9.9％，トヨタの原材料と仕掛品は14.9％，トヨタの製品は9.7％であった。他方，日産系サプライヤーは17.5％，日産の原材料と仕掛品は15.9％，日産の製品は22.0％であった。売上高に占める在庫量が相対的に多い日産グループにおいて，日産系サプライヤーの在庫の割合は小さいが，変動は大きく，日産の製品在庫は割合も変動も大きいといえる。

3　基本的に，自動車メーカーの取扱車種数が増えるほど，サプライチェーン内の在庫量は多くなると考えられる。しかし，売上高に占める在庫量の多い日産のほうが，必ずしも車種数が多いわけではない（ここでいう車種数とは，カローラ，サニーなどのブランド数を意味している。ただし，商用車を除く）。1988年ではトヨタが21ブランド，日産が20ブランドであったが，その後，両企業ともブランド数を増やして，1998年では，トヨタが43ブランド，日産が34ブランドとなった（『トヨタ自動車グループの実態1998年版』，『日産自動車グループの実態1998年版』より）。実際には，同一ブランドであっても，車両のボディの形状やエンジンの仕様が異なる場合がある。逆に，異なるブランドであっても，設計の共通化，車体や部品の共用化が盛んになっている（延岡，1996a）。したがって，ブランド数が多いからといって，サプライチェーン内に所有する在庫量が多くなるとは限らない。トヨタと日産の在庫量の違いは，ブランド数の違いに起因するというよりは，両企業の在庫管理の違いであると考えられる。

図5.2▶▶▶トータル在庫/トヨタ売上高の推移

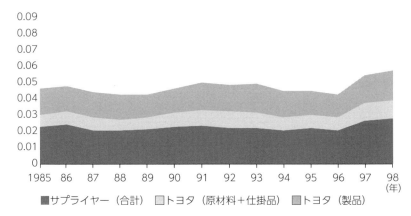

■サプライヤー（合計） □トヨタ（原材料＋仕掛品） ■トヨタ（製品）

出所：トヨタ，トヨタ系サプライヤー21社の有価証券報告書に基づき筆者作成

図5.3▶▶▶トータル在庫/日産売上高の推移

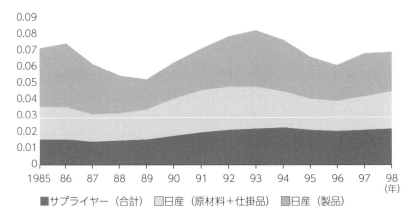

■サプライヤー（合計） □日産（原材料＋仕掛品） ■日産（製品）

出所：日産，日産系サプライヤー20社の有価証券報告書に基づき筆者作成

5.2.2 トータル在庫の変動に対する各在庫の寄与度

　トヨタグループと日産グループにおけるトータル在庫の増減に対して，サプライチェーンのどの段階の在庫の寄与度が高いのであろうか。**図5.4**は，1986

図5.4 ▶▶▶ トータル在庫の増減率（対前年比）と寄与度（トヨタ）

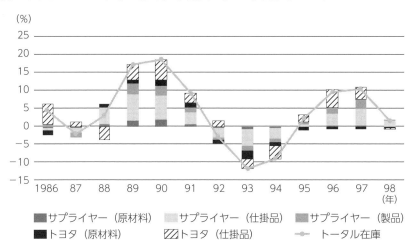

凡例：
- ■ サプライヤー（原材料）
- ▨ サプライヤー（仕掛品）
- ■ サプライヤー（製品）
- ■ トヨタ（原材料）
- ▨ トヨタ（仕掛品）
- ◆ トータル在庫

出所：トヨタ，トヨタ系サプライヤー21社の有価証券報告書に基づき筆者作成

年から1998年までのトヨタグループのトータル在庫の変化率（対前年比）と各段階の在庫の寄与度を表している[4]。トータル在庫が最も増加した時期は1990年の18.5％であり，逆に1993年には11.6％減少している。トータル在庫の変化率の標準偏差は9.09％であった。その変化率に対して，最も寄与度が高いのは，サプライヤーの仕掛品（3.84％）であり，次いでトヨタの仕掛品（3.28％）となっている（**表5.3**）。例えば，1990年のトータル在庫の18.5％増に対して，サプライヤーの仕掛品が6.89％，トヨタの仕掛品が5.46％それぞれ寄与している。トヨタグループでは，アセンブラーとサプライヤーの生産工程内における未完成品である仕掛品の変動が同程度であり，両者の生産工程の連動性が高いといえる。

4　ここでは，トータル在庫からアセンブラーの製品を除いて分析を行っている。その理由として以下の2つが挙げられる。
　①　アセンブラーの所有する製品在庫は，より川下に位置するディーラーとの取引関係に強く影響される。
　②　アセンブラーとサプライヤーの間で在庫を負担する場合，アセンブラーは，一般的に製品の形態ではなく，原材料や仕掛品として在庫を所有すると考えられる。

表5.3 ▶ ▶ ▶ 各在庫における変化率の標準偏差（1986〜1998年）

数値の高い在庫を強調表示

	トータル在庫	サプライヤー			自動車メーカー	
		原材料	仕掛品	製品	原材料	仕掛品
トヨタグループ	9.09	0.80	3.84	1.51	1.19	3.28
日産グループ	12.04	1.20	2.26	1.25	4.62	5.22

出所：各自動車メーカー，各サプライヤーの有価証券報告書に基づき筆者作成

　一方，**図5.5**は，日産グループにおけるトータル在庫の変化率と各段階の在庫の寄与度を表している。最も増加した時期は，1990年の25.0％であり，最も減少した時期は1987年の−13.0％である。トータル在庫の変化率の標準偏差は12.04％であり，トヨタよりも変動幅が大きい。その変動に対して，日産の仕掛品の寄与度が最も高く（5.22％），日産の原材料（4.62％），サプライヤーの仕掛品（2.26％）と続いている（**表5.3**）。日産グループでは，サプライヤーの各在庫の変動は安定しており，トータル在庫の変動に対する日産の負担の大きさが顕著である。

図5.5 ▶ ▶ ▶ トータル在庫の増減率（対前年比）と寄与度（日産）

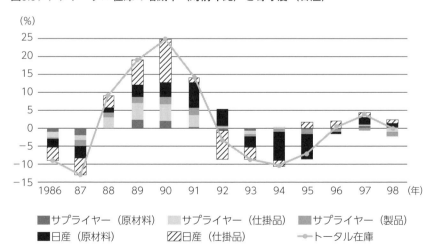

出所：日産，日産系サプライヤー20社の有価証券報告書に基づき筆者作成

　さらに，トータル在庫の中でも，サプライヤーの製品在庫とアセンブラーの原材料在庫の分担関係の合計であるバッファー在庫の分担関係の比較を行う。両者の在庫負担の程度をより正確に把握するためには，生産工程や生産計画に影響を受ける仕掛品在庫を除く必要がある。その結果，そもそも製品や原材料という分配すべきバッファー在庫の変動が抑えられているトヨタグループでは，アセンブラーであるトヨタの売上高に占める在庫の割合はサプライヤーのほうが大きいが，その変動にはあまり差がなかった。他方，日産グループでは，サプライヤーの割合や変動はトヨタ系サプライヤーとほとんど同程度であったが，アセンブラーである日産の割合や変動はともに高く，バッファー在庫の分担についても，日産の負担割合が大きいといえる[5]。

5.3　利益の分配結果

5.3.1　売上高付加価値率の推移

　図5.6は，トヨタ，トヨタ系サプライヤー21社，日産，日産系サプライヤー20社それぞれの売上高付加価値率（単独決算）の推移を表している。各売上高付加価値率の平均は，トヨタが14.65％，トヨタ系サプライヤーが27.43％，日産が14.91％，日産系サプライヤーが21.04％であった。両グループともに，アセンブラーよりもサプライヤーのほうが売上高付加価値率は高い。業界の特性として，自動車部品産業よりも自動車組立産業のほうが，材料費などの外部購入費の割合が大きいと考えられる。

　また，各売上高付加価値率の標準偏差は，トヨタが2.75％，トヨタ系サプライヤーが1.48％，日産が1.01％，日産系サプライヤーが1.21％であり，トヨタ

5　アセンブラーの売上高に占める各バッファー在庫の割合の平均は，トヨタが0.268％，トヨタ系サプライヤーが0.639％，日産が1.065％，日産系サプライヤーが0.639％であり，分析期間におけるその標準偏差は，トヨタが0.062％，トヨタ系サプライヤーが0.073％，日産が0.251％，日産系サプライヤーが0.072％であった。

図5.6▶▶▶売上高付加価値率の推移

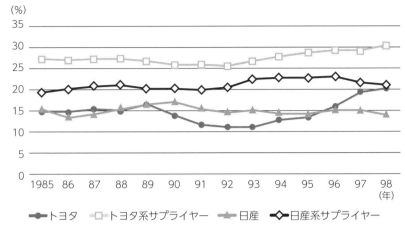

出所：各自動車メーカー，各サプライヤーの有価証券報告書に基づき筆者作成

の売上高付加価値率の変動幅が相対的に大きい。すなわち，トヨタ系サプライヤー，日産，日産系サプライヤーの売上高付加価値率は安定的に推移しているといえる。しかし，トヨタのそれは，1980年代後半には15％前後で安定的に推移していたが，1990年代前半になると10％近くにまで下降し，1990年代後半には20％にまで上昇するなど，大きく変動している。

5.3.2　売上高営業利益率の推移

　次に，トヨタグループと日産グループのアセンブラー（トヨタ，日産）と系列サプライヤーの獲得した営業利益の推移の比較を行う[6]。**図5.7**の売上高営業利益率の比較によると，両グループともに，サプライヤーの変動が小さい（各利益率の標準偏差は，トヨタが2.21％，トヨタ系サプライヤーが0.90％，日産が1.72％，日産系サプライヤーが0.39％）。つまり，営業利益のパイが拡大するとアセンブラーへの利益分配の割合が大きくなり，パイが縮小するとサプライヤーの割合が大きくなっている。利益のパイの変動に対して，アセンブラーであるトヨタと日産がバッファーとなることによって，各サプライヤーがより安

図5.7 ▶ ▶ ▶ 売上高営業利益率の推移

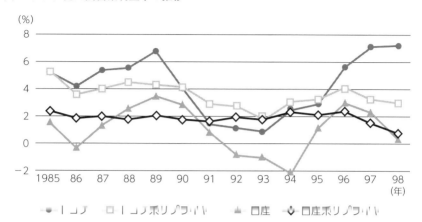

出所：各自動車メーカー，各サプライヤーの有価証券報告書に基づき筆者作成

定的に利益を獲得しているといえる。しかし，サプライヤーの中でも，トヨタ
系サプライヤーの利益率は日産系サプライヤーよりも変動が大きい[7]。また，ト
ヨタグループでは，アセンブラーとサプライヤーの利益率（変化率）との間に，
有意な正の相関関係（.602：5％有意）が見られたが，日産グループではその
ような相関関係は得られなかった。

　これは，両グループともにアセンブラーが利益のパイの増減に対してバッ
ファーとなっているが，サプライヤーとの間の利益の分配のメカニズムが異
なっていることを意味している。すなわち，トヨタグループでは，利益のパイ

　6　アセンブラーの輸出比率はサプライヤーよりも高く，為替変動の影響をより強く受けて
　　いる（分析期間における輸出比率は，トヨタが約40％，日産が約50％，サプライヤーは多く
　　て約10％であった）。しかし，例えば円高になると，アセンブラーはサプライヤーに対して，
　　VAなどの原価低減や取引価格の引き下げを要求することにより，サプライヤーにも何らか
　　の形で影響が及ぶ。実際に，1993年6月期のトヨタにおける為替差損は約1,200億円であっ
　　たが，原価低減の効果は約1,340億円であった（日本経済新聞1993年8月28日）。つまり，為
　　替変動のリスクをアセンブラー単独で負担しているわけではない。また，トヨタと日産の輸
　　出比率についても比較不可能なほど違いがあるわけではない。
　7　売上高営業利益率の変動係数は，トヨタ系サプライヤーが0.249，日産系サプライヤーが
　　0.202であった。

が増減するにつれてトヨタの利益率が大きく変動する。トヨタ系サプライヤー
の利益率もトヨタほど大きくはないものの，ある程度の変動が見られる。分配
される利益の割合は異なるが，双方による利益のシェアリングが行われている
といえる。また，結果として，トヨタはサプライヤーよりも変動リスクを多く
負担する代わりにリスクプレミアムを獲得しているといえる[8]。

　他方，日産グループでは，利益のパイの増減に対して日産の利益率は大きく
影響を受けるが，日産系サプライヤーの利益率はあまり影響を受けずに安定し
ている。この理由として，日産系サプライヤーは日産への取引依存度が低いた
め日産の影響をあまり受けていないからではないかと推測されるが，前述した
ように，実際の依存度はトヨタよりも高い。したがって，日産グループでは，
トヨタよりもアセンブラーである日産への変動リスクの負担が相対的に大きい
といえる。これは，日産が利益の増大分の大部分を獲得する代わりに，利益の
減少分も単独で負担することを意味している。また，日産は結果としてリスク
プレミアムを獲得していないにもかかわらず，変動リスクを負担している格好
となっている[9]。その理由として，そもそも日産は高コスト構造であり，たとえ
利益の増大分を獲得したとしても自身の高いコストによって獲得した利益が相
殺されるからではないかと考えられる[10]。

5.3.3　需要の変動と利益率の関係

　前節では，利益のパイの変動によって，アセンブラーとサプライヤーへの利
益の分配が変化していることが明らかとなった。このような利益のパイの拡大
や縮小は，多様な要因に影響を受けるが，需要の変動もその1つである。**図
5.8**は，需要の代理変数としてのトヨタおよび日産の最終製品の販売台数と各
売上高営業利益率の散布図であるが（横軸は販売台数，縦軸は売上高営業利益

8　売上高営業利益率の平均は，トヨタが4.30％，トヨタ系サプライヤーが3.61％であった。
9　売上高営業利益率の平均は，日産が1.10％，日産系サプライヤーが1.94％であった。
10　下川他（2003）のインタビューにおいて，「我々の唯一の問題はコストが高いということ。
（中略）日産の問題はすべてコスト」と日産の塙義一会長（当時）は発言している。

図5.8▶▶▶自動車メーカーの販売台数と各利益率の関係

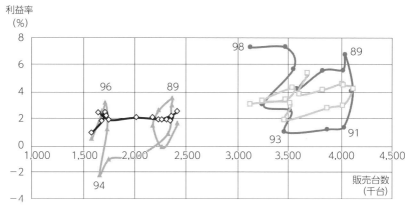

出所：各自動車メーカー，各サプライヤーの有価証券報告書に基づき筆者作成

率を表す），各アセンブラー，サプライヤーの利益率は，販売台数との間に有意な相関関係は得られなかった。一般的に，自動車の売れ行きがよければ，固定費を含む単位当たり製造原価は減少し，利益率の上昇が期待されるが，特に利益のパイの変動に対して，バッファーとして機能しているアセンブラーの利益率との間にも，強い相関関係があるわけではなかった。しかし，トヨタと日産の両アセンブラーの利益率には，絶対水準は違うものの類似した動きが見られる。すなわち，1989年から販売台数はあまり変化していないのに利益率は大きく下降しており，逆に，1993年，1994年からは，安定した販売台数にかかわらず利益率は上昇している。この期間において，最終製品の1台当たり販売価格が大幅に変動していないのであれば，トヨタ，日産のコスト構造の変化が利益率の変動に影響を与えていると考えられる。

　岡室（1995）は，アセンブラーとサプライヤーのリスク・シェアリングを，①需要の変化がアセンブラーとサプライヤーの利益率に与える影響の程度の差と，②サプライヤーの投入材価格の変化がアセンブラーとサプライヤーの利益率に与える影響の程度の差として把握している。つまり，需要やコストの変動

に対して，どちらがより影響を受けているかによって，リスク・シェアリングの程度が明らかとなる。

　本研究においても，需要や生産コストの変動が利益率に与える影響を明らかにするために，アセンブラー，サプライヤーの利益率を従属変数とし，需要の代理変数としてのアセンブラーの販売台数，生産コストとしての系列サプライヤーの材料費，減価償却費を含む経費を独立変数とする重回帰分析を行う[11]。浅沼（1984b）は，アセンブラーとサプライヤーの取引価格が，生産コストの変化に伴って，調整されることを明らかにしている。サプライヤーの人件費については転嫁が認められないが，原材料の価格上昇は取引価格への転嫁が認められる。また，減価償却費についても，償却不足が発生すれば，アセンブラーが補償し，逆に発注量が上回れば，単位当たりの費用に見合う分だけ価格が引き下げられることを指摘している。このようなコストの変動リスクに対する調整が，本分析でも見られるのであろうか。さらに販売台数があまり変化していないのに，利益率が大きく変動しているアセンブラーについては，統制変数として最終製品の1台当たり販売価格を加える。今回の分析では，国内向けと輸出向けの1台当たり販売価格を統制変数とした[12]。

5.3.4　需要と生産コストの変動と利益率の関係

　表5.4はアセンブラーの利益率についての重回帰分析の結果である。トヨタ，日産とも自社の販売台数とは，有意な正の関係が得られた。つまり，販売台数が増加すれば，アセンブラーの利益率は上昇するといえる。さらに，系列サプライヤーの生産コストについては，材料費，経費ともに負の関係が得られ，日産系サプライヤーの材料費以外は有意であった。浅沼（1984b）が指摘したように，サプライヤーの材料費や減価償却費などの経費の上昇は，取引価格など

11　重回帰分析における各変数は変化率（対前年比）を用い，強制投入法で行った。なお，系列サプライヤーの材料費と経費は相関関係が高く（相関係数はトヨタ系サプライヤーが.923，日産系サプライヤーが.918で，ともに1％有意），多重共線性が起こることが考えられるので，それぞれ単独での投入を行った。

表5.4▶▶▶アセンブラーの利益率を従属変数とした重回帰分析（1986～1998年）

		(1)　トヨタ	(2)　トヨタ	(3)　日産	(3)　日産
独立 変数β	販売台数	1.054*	.862**	1.099†	1.180**
	サプライヤー材料費	−.998*		−.763	
	サプライヤー経費		−.929**		−.914*
統制 変数β	1台当たり国内価格	−.455	−.295	.372	.274
	1台当たり輸出価格	.128	.256	.622*	.708**
	DW比	1.971	1.594	2.068	2.325
	調整済みR²	.458	.571	.575	.714
	F値	3.538†	4.987*	5.052*	8.475**

**1%有意　*5%有意　†10%有意

に転嫁されることによって，アセンブラーの利益率を減少させていると考えられる。岡室（1995）における産業レベルの分析では，アセンブラーの利益率は需要の変動に正の影響を受け，生産コストの変動とは有意な関係にないことが指摘されたが，今回の分析では変数の違いはあるものの，需要や生産コストの変動に影響を受けていることが明らかとなった。

　他方，**表5.5**はサプライヤーの利益率についての重回帰分析の結果を表しているが，トヨタ系と日産系では異なる結果となった。ともにサプライヤー自身の生産コストとは有意な関係が得られなかったが，トヨタ系サプライヤーの利益率は，販売台数との間に有意な正の関係が得られた。安定的に利益を獲得している日産系サプライヤーに対して，トヨタ系サプライヤーは，自身のコストの変動には影響を受けないが，トヨタと同様に販売台数の増減に合わせて，利益率も変動しているといえる。すなわち，トヨタ系サプライヤーの利益率は，最終製品の販売台数の増減に影響を受けており，サプライヤーの利益率は需要や原材料価格の変動に影響を受けていないという岡室（1995）の分析とは異なる結果となった。

12　1台当たり販売価格は，輸出向け価格＝輸出金額/輸出台数，国内向け価格＝（総販売金額−輸出金額）/国内販売台数として算出した（データはトヨタおよび日産の有価証券報告書と『自動車産業ハンドブック』に基づく）。

表5.5 ▶▶▶ サプライヤーの利益率を従属変数とした重回帰分析（1986〜1998年）

		(1) トヨタ系	(2) トヨタ系	(3) 日産系	(3) 日産系
独立 変数β	販売台数	.819†	.872*	−.330	.037
	サプライヤー材料費	−.365		.489	
	サプライヤー経費		−.524		.001
DW比		1.533	1.854	1.490	1.930
調整済みR²		.234	.365	−.074	−.198
F値		2.833	4.446**	.586	.007

**1%有意　*5%有意　†10%有意

　以上のような分析結果から，以下のようなコストや需要の変動リスクの分配メカニズムを指摘することができる。

　トヨタグループでは，需要の変動は，アセンブラーとサプライヤーの双方の利益率に影響を与えており，必ずしもアセンブラーであるトヨタだけが需要の変動リスクを全面的に負担しているわけではない。また，サプライヤーの生産コストの変動は，トヨタの利益率に負の影響を与えるが，サプライヤー自身は影響を受けておらず，トヨタがサプライヤーの生産コストの増加分を肩代わりしていることを示唆している。実際に，1980年代後半から1990年代にかけて，自動車産業全体として，急増した需要や消費者ニーズの多様化に対応するために，車種数の増加やそれに伴う研究開発費や生産設備の投資が積極的に行われており，その積極的投資に伴う減価償却費も増加した[13]。サプライヤーも，金型などの開発費や設備投資の増加，人手不足による人件費の高騰などにより，自動車部品業界全体として，アセンブラーに対して部品の値上げの要請を行うこととなり，アセンブラーの利益率が低下したと考えられる[14]。その反面，1990年代初めから，円高の進行や販売台数の減少に直面し，各アセンブラーは，サプライヤーを巻き込んで，原価低減活動を実施した。部品の設計変更や部品の共通化，増えすぎた車型や部品の削減，部品の過剰品質を見直した結果，生

13　日本経済新聞1991年5月31日，1992年8月30日。
14　日本経済新聞1989年12月22日。

産コストは削減され[15]，1990年代半ばからそのコスト削減効果がアセンブラーにより多く分配され，アセンブラーの利益率が上昇したといえる。

　他方，日産グループでは，需要の変動リスクを双方で分担しているトヨタグループと異なり，サプライヤーは需要の変動に影響を受けず，日産が大部分の需要の変動リスクを負担しているといえる。しかし，サプライヤーの生産コストについてはトヨタと同様に，日産がその変動リスクを吸収している。ただし，日産系サプライヤーの材料費については，日産の利益率と負の関係であったものの有意ではなかった。日産は，サプライヤーの材料費の上昇分を取引価格に転嫁することによってリスクを吸収した上に，最終製品の販売価格に転嫁することによって，日産の利益率に与える影響を抑えていたのかもしれない。実際に，日産の利益率は1台当たり輸出価格と正の有意な関係が得られている。また，日産も他のアセンブラーと同様に，サプライヤーに対して原価低減を要求したが，その達成度が不十分であったことから，取引価格を下げることができず，日産の利益率を上昇させることができなかったと考えられる[16]。

5.4　トヨタグループにおける利益・リスク分配の有効性

5.4.1　発見事実の整理

　前節の分析において，トヨタグループと日産グループでは，異なった利益やリスクの分配が行われていることが示された。基本的に，両グループともアセンブラーの負担するリスクの割合が大きいといえる。ただし，トヨタグループでは，サプライヤーの所有する在庫や売上高営業利益率もある程度の変動が見られるなど，サプライチェーン全体として，アセンブラーとサプライヤーの双方による在庫や利益のシェアリングが行われている。他方，日産グループの場

15　日本経済新聞1992年9月5日，1993年3月4日。
16　日産は，1993年度に8％程度の原価低減をサプライヤーに要求したが，実際には要求の半分も達成できなかったという指摘もある（日本経済新聞1994年3月10日）。

合は，利益率や所有する在庫がより安定したサプライヤーに対して，バッ
ファーとしての機能を果たしている日産のリスクへの負担が大きいことが明ら
かにされた[17]。両アセンブラーは，一見すると同じようにサプライヤーと「日
本型サプライヤー・システム」（藤本，2002）とも称される長期継続的取引関
係を築いてきたが，その後，トヨタは1999年に系列サプライヤーに役員を派遣
するなど，サプライヤーとの関係を強化した。反面，日産は1999年10月に発表
した日産リバイバルプランによって，サプライヤーとの関係を見直し，取引す
るサプライヤーの数を半分に絞り込み，一部を除いて資本関係も解消した（木
野，2000）。従来の取引関係を踏襲し，さらに強化を目指したトヨタのサプラ
イチェーンに対して，日産のサプライチェーンでは，日産にリスクの負担が集
中するような分配が結果として行われ，サプライヤーとの関係を維持すること
が困難となったと考えられる。以下では，サプライヤーとの関係を解消せざる
を得なかった日産の利益・リスク分配と比較しながら，トヨタが構築するサプ
ライチェーンにおける有効な利益・リスク分配メカニズムについて，在庫の役
割とインセンティブ設計という2つの観点から考察を行う。

5.4.2. サプライチェーンにおける在庫の役割

第一に，トヨタと日産では，サプライチェーンにおける在庫の役割が異なっ
ている。**表5.6**は，トヨタおよび日産における最終製品の販売台数（変化率）
と製品在庫（変化率）の相関係数を表している（1986年から1998年までの通年
データと，1985年下半期から1999年上半期までの半期データに基づく）。

日産では，販売台数と製品在庫の間に，負の相関関係が得られた。特に半期
データでは，1％水準で有意であった。すなわち，日産の販売台数が減少する
と，製品在庫は増加し，逆に販売台数が増加すると，製品在庫が減少する傾向

---

17 今回の在庫と利益の2つの分析は独立的に行われており，トヨタ，日産のそれぞれについ
て，類似した分配パターンが明らかにされたからといって，在庫の分配パターンが最終的な
利益の分配パターンに影響を及ぼしているとまではいえない。そのような分配パターンの関
係については，別の機会において詳細な分析を行う必要がある。

表5.6 ▶ ▶ ▶ 販売台数と製品在庫の相関係数

		製品在庫（変化率）	
		トヨタ	日産
販売台数	通年	.371	−.233
（変化率）	半期	.265	−.503**

**1％有意　n=13（通年），28（半期）

出所：各自動車メーカー，各サプライヤーの有価証券報告書に基づき筆者作成

　が見られる。日産では，需要の拡大期に，販売に必要な製品在庫を準備することができず，逆に需要の減退期に不必要な在庫を抱えている。日産のサプライチェーンにおける在庫は，販売台数の予期せぬ変動への対応のために必要とされており，日産がサプライヤーの在庫リスクを負担しているというよりも，削減されない在庫リスクの大部分を，日産が単独で負担せざるを得ない状況に陥っていたという側面も考えられる。

　他方，トヨタでは有意ではないが，正の相関関係が見られた。トヨタのサプライチェーンにおける在庫は，需要の拡大期に必要な製品在庫を準備するなど，実際のオペレーションのために必要とされていたと考えられるが，少なくとも，需要の減退期に不必要な製品在庫を抱えていたわけではないといえる。トヨタでは，受注生産の徹底や，サプライヤーとの情報共有などによって，在庫をリスク化させず，そもそも分配すべきサプライチェーン全体の在庫リスクを削減していたといえる。

5.4.3.　全体最適へのインセンティブ設計

　第二は，全体最適へのインセンティブ設計である。利益・リスク分配は，各企業へのインセンティブに影響を与え，結果として最終的な企業の成果に反映されると考えられる（McMillan，1990）。一般的に，利益・リスク分配とインセンティブにはトレードオフの関係があり，インセンティブとリスク分担のバランスをどのようにとるかが問題となる。従来，日本の自動車産業では，サプライヤーに対して，生産コストや需要の変動リスクが集中しないような仕組み

が構築されていると指摘されてきた。しかし，大部分のリスクをアセンブラーが負担する日産グループの場合，アセンブラーとサプライヤーの間に甘えの構造が生じ，サプライヤーのリスク削減や利益拡大のための協働へのインセンティブが機能しない。サプライヤーの協力を得ることなく，サプライチェーン全体のリスク削減や利益拡大を行うには限界がある。大部分の利益を獲得する可能性もあるが，損失やリスクも単独で負担する日産に対しては，利益のパイの縮小やリスクの増大が続けば，それらの大部分のリスクを負担し続けることとなり，適切なリスクプレミアムを獲得することができず，サプライヤーのリスクを吸収するインセンティブが働かなくなる。

　他方，トヨタグループにおけるトヨタとトヨタ系サプライヤーの同程度の在庫負担は，自社だけでなくサプライチェーン全体の在庫の絶対量の削減やその変動の抑制を行うインセンティブの強化につながる。一般的に，自動車の生産は完全な受注によって行われているわけではない。もし，サプライチェーンの川下の需要に完全に合わせた生産を行うと，川上の原材料の調達計画，部品の生産計画の変動が大きくなり，原材料や部品の安定的な供給が困難になるからである。双方の在庫情報や精度の高い需要予測，生産・販売計画を共有することで，不良在庫や欠品の発生を防止し，サプライチェーン全体のリスクを削減することが可能となる。自社のみの在庫削減に注力するのではなく，アセンブラーとサプライヤーの双方が分担するほうが，サプライチェーン全体の在庫削減や変動の抑制が実現され，かえって自社の負担分も縮小化されると考えられる。

　また，トヨタ系サプライヤーにとって，生産コストの変動リスクをトヨタに吸収してもらうことによって，長期的な設備投資を行うインセンティブが損なわれない。しかし，大部分のリスクをトヨタに吸収してもらうことによって甘えの構造を生じさせるのではなく，サプライヤー自身もある程度の需要の変動リスクを負担することによって，情報を収集・分析して次回の需要予測の精度を高めようとするインセンティブを働かせることができる。他方，トヨタにとっても，サプライヤーのリスクを吸収することによって，リスクプレミアム

を高めようとするインセンティブが働く。つまり，トヨタグループにおけるアセンブラーとサプライヤーの双方による在庫負担や利益分配には，サプライチェーン全体の最適化のための複数のインセンティブが補完的に組み合わされ，自社のための短期的利益の追求ではなく，サプライチェーン全体の効率性の向上や付加価値の増大に対する中長期的でダイナミックなインセンティブが機能しているといえる（伊藤・マクミラン，1998）。

第 | 6 | 章

トヨタグループと
日産グループの変化

6.1　はじめに

6.1.1　日本の自動車部品取引のオープン化

　前章では，トータル在庫や売上高付加価値率，売上高営業利益率などの財務
データを通じて，1990年代までのトヨタグループと日産グループにおけるサプ
ライチェーンの利益・リスク分配メカニズムを概観した。トヨタも日産も同じ
日本の自動車産業に属し，同じように系列サプライヤーを組織化し，自動車部
品の継続的取引を実施しているといわれてきたが，自動車メーカーとサプラ
イヤー間における利益やリスクの分配メカニズムは異なる特徴を有しているこ
とが明らかとなった。しかし，2000年代に入り，日本の自動車部品取引は，2つ
の点において大きく変貌した。

　第一は，自動車部品取引のオープン化である。オープン化といってもさまざ
まな意味が含まれているが，従来の研究では取引先数の拡大という意味で使用
されていることが多い。藤本（1995）は，1982年から1990年までの間で，日本
の自動車メーカーの調達企業数が増大していることを指摘した。また，延岡
（1999）は1992年から1996年までにおいて，自動車部品の調達ネットワークが
比較的オープンな構造へとシフトしていることを指摘した。特に，特定の自動

車メーカー向けの部品よりも標準的部品において，自動車メーカーは調達企業数をより増大させたという[1]。

近能（2001；2004）は，Nobeoka（1997）や延岡（1999）に基づいて，1993年から2002年までの日本の自動車部品取引構造の変化を分析した。1993年から1999年までは，自動車メーカーの平均調達先数とサプライヤーの平均納入先数はともに増大したが，1999年から2002年にかけては，サプライヤーの納入先は増大し続けたものの，自動車メーカーの調達先は減少するという質的転換が起こった。この質的転換は，自動車部品の特性によって，自動車メーカーの取引戦略が異なることを意味している（近能，2007）。すなわち，新技術の開発を伴うプロジェクトについては，競争力のある特定のサプライヤーと緊密な連携を行う一方で，比較的標準的な部品の取引については，複数のサプライヤーの中から最適な条件の取引先を選択するというオープンな取引が実施されていると指摘した。

武石・野呂（2017）は，垂直的系列における取引関係の分化を指摘している[2]。1984年から2008年までのデータに基づいて，日本の自動車メーカーが系列サプライヤーから調達する比率の推移を分析した結果，各自動車メーカーの中でも，日産とマツダの2社が系列関係を見直したが，トヨタとホンダは系列関係を解消していないという[3]。例えば，日産における系列サプライヤーからの調達比率は60％弱であったが，1999年以降20％前後にまで減少した。日産は系列サプライヤーから調達する代わりに，独立系サプライヤー，トヨタ系サプライヤー，海外サプライヤーとの取引を増大させた。一方で，日産の系列として留まったサプライヤーは，日産との安定的な取引関係を構築し続けている。また，

1　ここでいう標準的部品とは，「基本的な技術や設計が車種や自動車企業に依存せず比較的に標準的な部品で，モジュラー性が高く，自動車企業との調整が比較的少なくてすむ部品」のことである（延岡，1999）。

2　ここでいう垂直的系列とは，「企業が商品の生産・流通に要する諸活動において川上・川下に位置する企業と築いている緊密な関係」を意味している（武石・野呂，2017）。

3　ここでいう系列サプライヤーとは，調査会社のアイアールシーの資料に依拠して，資本関係，人的関係，取引関係の歴史的経緯に基づいて分類されたものである（武石・野呂，2017）。

トヨタにおける系列サプライヤーからの調達比率は60％以上であり，1999年以降はその比率を70％弱まで高めており，依然として系列取引を重視していることが明らかにされた。

犬塚（2017）は，2005年から2016年までの国内取引におけるデータを用いて，自動車部品取引のオープン化の程度を分析したが，2000年代初めまでのデータを用いた従来の研究とは異なる結果を提示した[4]。すなわち，2011年の東日本大震災後の一時期を除いて，自動車部品取引のオープン化が進展している事実は発見されなかったという。特に，自動車部品市場全体でのサプライヤー数の減少と自動車メーカーの調達先の集中化によって，サプライヤー同士の再編や競争力のあるサプライヤーへの取引の集中などが起こっていることを指摘した。また，犬塚（2018）は，1993年から2014年までの自動車メーカーと一次サプライヤーの取引依存度の変化について論じている[5]。自動車メーカーの取引依存度が2008年以降上がり続けているのに対して，サプライヤーの取引依存度は1996年から下がり続けており，部品取引におけるパワーバランスが自動車メーカーからサプライヤーへと移転していることを示した。自動車メーカーごとの分析については，トヨタは1999年から取引依存度を上げて，2000年代半ば以降は横ばい状態となっている。マツダ，ダイハツ，スバルの3社は2008年のリーマンショック前後に取引依存度を上げており，特定のサプライヤーに取引を集中させて，規模の経済を目指したと考えられる。他方，日産，ホンダ，三菱自動車は取引依存度を大きく下げており，いわゆる市場取引を重視した取引へとシフトさせていることを指摘した。

6.1.2　日本の自動車部品取引のグローバル化

前項において，日本の自動車部品取引における構造的な変化を論じた研究を

4　犬塚（2017）は，メーカーの調達先サプライヤー数，サプライヤーの納入先メーカー数だけでなく，取引先の集中度，系列外からの取引比率，部品市場全体の登場サプライヤー数という複数の指標に基づいて，自動車部品取引のオープン化を分析している。
5　取引依存度とは，部品の総取引量に占める当該サプライヤーの取引割合（集中度）と，サプライヤーが顧客を分散させている程度から算出される（犬塚，2018）。

概観した。総じて，2000年前後までは，日本の自動車産業における部品取引構造は全体的にオープン化が進展したが，2000年以降は，オープン化と緊密化が同時進行したり，自動車メーカーによって多様な取引構造が構築されたりしたといえる。しかし，これらの研究は，日本国内のみの部品取引を対象としており，自動車メーカーの海外生産については考慮されていない[6]。今日の自動車産業において，海外生産は無視できない程度に拡大している。むしろ日本の自動車メーカーの主戦場は海外であるということもできる。この自動車部品取引のグローバル化が，2000年以降の第二の変貌である。

　日本の自動車メーカーが海外で現地生産する場合，特殊な部品を除いて，基本的には部品調達も現地化される傾向がある（新宅，2016）。日本で取引実績のあるサプライヤーが海外に進出している場合はそこから調達することができるが，進出していない場合は，現地企業も含めた他のサプライヤーから調達することになる[7]。したがって，海外では系列取引が崩れることが多いといわれる（清，2017）。トヨタと日産は，1980年代から海外進出を加速させた。トヨタは1984年に米国のGMと合弁生産を開始し，1988年に米国のケンタッキー州とカナダのオンタリオ州でそれぞれ単独で現地生産を開始した[8]。日産はトヨタに先駆けて，1983年にスペインと米国で現地生産を開始し，さらに1986年には，英国の単独生産拠点で現地生産を開始した[9]。その後も，両企業とも海外での現地生産を強化していった。図6.1は，トヨタと日産のグローバル生産台数に占める海外生産台数の割合の推移を示している[10]。1988年におけるトヨタのグロー

6　日本における自動車部品取引は，新規参入者もほとんどなく，既存のサプライヤーが次期モデルにおける部品調達でも選定される傾向があり，取引構造が硬直化しているという。あるトヨタ系サプライヤーの調達担当者は，「日本でサプライヤーを選定する場合は，すでに決まっていることが多い」という（2015年12月15日，ドイツの日系サプライヤーに対するインタビューより）。

7　興梠（2011）は，「完成車メーカーが進出した国・地域に，取引経験のあるサプライヤーも同様に生産拠点を設立する事」を「帯同進出」と称している。

8　『トヨタ自動車75年史』（P.318～325）より。

9　『日産自動車グループの実態2000年版』（P.8）より。

10　トヨタの海外生産比率は，トヨタとレクサスのみを対象としており，ダイハツ工業と日野自動車は含まない。

図6.1 ▶ ▶ ▶ 生産台数の海外比率の推移

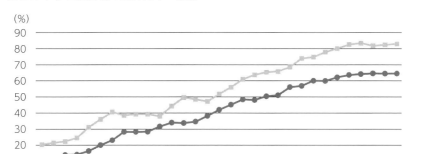

出所：『トヨタ自動車75年史』，『自動車産業ハンドブック』，両社のアニュアルレポート，増木（2004）
　　　に基づき作成

バル生産台数は約420万台であるが，そのうちの海外生産台数は約24万台であ
り，海外生産比率は5.8％であった。翌年にはトヨタの海外生産比率は10％を
超えて，その後は右肩上がりで上昇した。1990年代後半には海外比率が3割を
超えて，2007年には海外生産台数が国内生産台数を超えた。2010年代に入り，
海外生産比率は6割以上となっているが，国内生産台数300万台は維持されて
いる。他方，日産の海外生産比率はトヨタのそれよりも高い水準で推移してい
る。1988年時点ですでに海外比率が20％を超えており，1992年には3割を超え
た。2000年代前半では5割近くが海外生産となり，2010年代では7割を超えた。
2013年以降，海外生産比率が8割を超えて，国内生産台数は100万台を下回っ
ている。

6.2　日産グループにおけるサプライチェーンの変化

6.2.1　日産と日産系サプライヤーの資本関係の見直し

　これまでの研究において，2000年以降に日産が系列サプライヤーとの取引関

係を見直したと指摘されてきたが，その契機となったのは日産リバイバルプラン（Nissan Revival Plan：NRP）である。1990年代後半に経営危機に陥っていた日産は，1999年3月にフランスの自動車メーカー，ルノーからの出資を受け入れることによって，経営の再建を目指した。具体的には，ルノーが日産の株式36.8％を取得し，ルノーの上席副社長であったカルロス・ゴーンを日産の社長として迎え入れた[11]。1999年10月18日，日産は「日産リバイバルプラン（NRP）」という中期経営計画を発表した。「系列自体を否定するわけではないが，日産の系列は機能していない」というカルロス・ゴーンの言葉のとおり（下川他，2003），NRPによって，従来の系列取引関係を重視したサプライチェーンを改めて，自動車部品調達のあり方を抜本的に見直すことになった。日産の購買コストを3年間で20％削減するという目標を掲げた部品取引先との関係を見直すために，具体的には以下の三点が盛り込まれた（近能，2004）。

① 地域ごと，国ごとで策定していた購買方針をグローバルで集中化していく

② 取引先である1,145社の部品・資材サプライヤーを2002年度までに600社以下とする

③ 日産が出資していた株式保有社数1,394社を最終的には4社へと減らす

　日産は，NRPによって特定の4社以外は出資を解消するという方針の下，日産系サプライヤーとの資本関係を大きく見直すこととなった。第5章で取り上げた日産系サプライヤー20社についても，2000年代前半までに資本関係が大幅に変更された。**表6.1**は，NRP前後における日産系サプライヤー20社に対する日産の資本比率の推移を表している。その変更内容に従って，系列サプライヤーを大きく3つのグループに分類することができる。

11　日産のニュースリリース1999年3月28日，1999年10月18日より。さらに，2001年には，アライアンスを強化するために，ルノーの日産に対する出資比率は44.4％にまで引き上げられ，日産もルノーに対して15％の出資を行った（日産のニュースリリース2001年10月29日より）。

表6.1 ▶ ▶ ▶ 日産の資本比率の推移

企業名 （1998年時点）	日産の資本比率（%）（90～98は平均）						NRP前後の動向
	90～98	1999	2000	2001	2002	2003	
鬼怒川ゴム工業	28.22	20.25	20.25	20.25	20.25	20.25	日産との資本関係を維持
日本気化器	23.39	23.76	23.76	0	0	0	日産グループから独立
桐生機械	44.59	36.7	36.7	0	非上場		住友商事傘下に
日産車体	42.91	42.57	42.57	42.57	42.57	42.57	日産との資本関係を維持
橋本フォーミング工業	24.52	24.83	24.83	24.83	24.83	0	アルティアと合併
タチエス	20.34	0	0	0	0	0	富士機工と業務提携
市光工業	20.78	20.67	0	0	0	0	仏ヴァレオと業務提携
カルソニック	33.63	33.4	32.0	32.0	32.2	32.0	2000年，カルソニックとカンセイが合併。2005年，日産の連結子会社に
カンセイ	30.71	28.58					
フジユニバンス	33.01	31.11	31.11	31.10	10.20	0	アイエス精機と合併
河西工業	22.03	20.97	14.71	6.75	0	0	長瀬産業と業務提携
自動車電機工業	23.92	22.73	22.73	22.73	14.59	14.59	ミツバに吸収合併
栃木富士産業	20.47	20.45	20.45	0	0	0	英GKN傘下に
富士機工	23.81	0	0	0	0	0	タチエスと業務提携し，その後，光洋精工と業務提携
愛知機械工業	32.28	41.43	41.43	41.43	41.43	41.43	日産との資本関係を維持
ユニシアジェックス	29.87	25.32	25.32	25.32	非上場		日立製作所の傘下に
トーソク	48.76	20.3	7.2	0	0	0	日本電産の傘下に
シンニッタン	20.30	11.47	5.15	3.14	0	0	日産グループから独立
池田物産	55.10	37.89	非上場				米JCIが買収
エクセディ	28.00	23.41	23.41	0	0	0	アイシン精機と業務提携

注：1990～1998年の出資比率は，各年度の平均値を示している。
出所：各社の有価証券報告書に基づき筆者作成

　第一は，日産との資本関係が解消され，他企業の傘下に入った（発行株式の50％以上保有された）サプライヤーや，他社との合併を実施したサプライヤーである。そのうち，上場廃止となった企業は5社であり（池田物産，ユニシアジェックス，桐生機械，自動車電機工業，栃木富士産業），株式上場を維持した企業は3社であった（トーソク，橋本フォーミング工業，フジユニバンス）。なお，橋本フォーミング工業とフジユニバンスはそれぞれ他企業と対等合併している。

　第二は，日産との資本関係を解消して独立した企業や，自社の独立を維持しながら，他企業と業務・資本提携を結んだサプライヤーである。独立した企業は2社であり（シンニッタン，日本気化器），他企業と業務・資本提携した企業は5社であった（タチエス，富士機工，河西工業，エクセディ，市光工業）。

　第三は，日産が出資関係を維持，あるいは強化することによって，日産グループに留まり続けたサプライヤーである。具体的には，日産車体，愛知機械工業，カルソニックカンセイ，鬼怒川ゴム工業である。なお，カルソニックカンセイは，ともに日産系サプライヤーであったカルソニックとカンセイが，2000年に合併して設立されたサプライヤーである。次項では，日系サプライヤー20社におけるNRP前後の動向について概観する[12]。

(1)　日産との資本関係を解消し，他企業の傘下に入ったサプライヤー

■池田物産

　池田物産は，自動車用シートを製造しているサプライヤーである。2000年に米国の自動車シートサプライヤー，ジョンソンコントロールズ（JCI）[13]が株式公開買付を実施し，日産が保有する池田物産の37.9％の株式を取得した[14]。池田物産はJCIの完全子会社となり，上場廃止となった。

12　各サプライヤーの動向については，各社のホームページ，有価証券報告書，ニュースリリースなどに基づいている。
13　2016年10月，ジョンソンコントロールズの自動車部門がアディエントとして分離独立した（神奈川新聞2016年11月2日，および日本経済新聞2017年6月2日）。

■ユニシアジェックス

ユニシアジェックスは，1956年に日産の厚木工場が分離独立して，厚木自動車部品として設立された。2002年，日立製作所がユニシアジェックスに追加出資を行い，同社を完全子会社化し，日立ユニシアオートモティブへと社名を変更した。2004年，日立製作所とトキコ，日立ユニシアオートモティブが合併したが，2009年には日立製作所からオートモティブシステムグループが分社化されて，日立オートモティブシステムズが設立された。

■桐生機械

桐生機械は，ブレーキ関連部品を製造するサプライヤーである。2001年，社名をキリウに変更し，ユニゾングループとキリウ経営陣によるMBOによって，日産グループから離脱した[15]。さらに2004年には，住友商事が株式を取得し，同社の完全子会社となった。

■自動車電機工業

自動車電機工業は，ワイパー製品やモーター製品などの自動車用電装部品を製造しているサプライヤーである。2004年に，株式交換によってホンダ系サプライヤーのミツバの完全子会社となり，2007年にはミツバに吸収合併された。

■栃木富士産業

栃木富士産業は，トルクマネジメント装置やトランスファーケースなどの自動車用駆動系部品を製造するサプライヤーである。2005年，日産が保有する栃

14　株式公開買付（Takeover bid：TOB）とは，「買収者が上場している対象企業の株式を，市場の外で，買付条件を明示しながら株主から直接購入する行為」のことである（「企業価値報告書」経済産業省より）。

15　MBO（Management Buyout）とは，「現在の経営者が資金を出資し，事業の継続を前提として対象会社の株式を購入することをいうが，実際には，現在の経営者以外の出資者（投資ファンド等）が個々の案件に応じて様々な形で関与する等，MBOの形態も一様ではなく，その内容により利益相反性にも程度の差が生じ得る」（「企業価値の向上及び公正な手続き確保のための経営者による企業買収（MBO）に関する報告書」経済産業省より）。

木富士産業の全株式を英国のGKNオートモーティブインターナショナルに譲渡した。栃木富士産業はGKNの完全子会社となり，上場廃止となった。また，社名をGKNドライブライントルクテクノロジーに変更した。2010年には，GKNの関連会社3社と統合されて，GKNドライブラインジャパンが設立された。

■トーソク

自動車変速機のコントロールハブやスプールバルブを開発・製造しているトーソクは，1997年に日本電産が日産の保有株式を取得することによって，日本電産グループに加入し，1999年には社名を日本電産トーソクに変更した。2004年，日本電産トーソクは東証二部から一部へと指定替えを行ったが，2013年には日本電産の完全子会社となり，上場廃止となった。

■橋本フォーミング工業

自動車外装部品を扱う橋本フォーミング工業は，2004年にアルティアと経営統合し，両社の持株会社であるファルテックを設立し，上場廃止となった。2005年には，アルティアと橋本フォーミング工業が合併し，アルティア橋本となった。さらに，2007年には，ファルテックが事業持株会社として，アルティア橋本の自動車部品・用品事業を吸収合併した。

■フジユニバンス

フジユニバンスは，ギアボックスやマニュアルトランスミッションなどの駆動系部品を製造・販売するサプライヤーである。2003年，日産が保有するフジユニバンスの株式をアイエス精機が取得し，両社の業務提携が始まった。アイエス精機はスズキを主要顧客とする自動車変速機のサプライヤーである。2005年には，フジユニバンスとアイエス精機の対等合併によって，ユニバンスが設立された。

(2)　日産との資本関係を解消し，独立したサプライヤー

■日本気化器

日本気化器は，自動車用エンジンへ燃料を供給するシステムの部品を開発・製造するサプライヤーである。日産の出資比率は約20％であったが，2000年に出資を解消し，2001年に社名をニッキに変更した。

■シンニッタン

シンニッタンは自動車用鍛造部品の製造を行うサプライヤーである。日産との資本関係が2001年に解消されてからは，特定の企業と業務提携を行ったり，他企業の傘下に入ったりはしていない。

■富士機工

富士機工は自動車シート事業を手掛けるサプライヤーである。1999年，日産グループのタチエスと業務・資本提携を行った。さらに2001年には，トヨタグループの光洋精工と業務・資本提携を実施した。2017年には，シート事業をTF-METALとして独立させて，現在はステアリングコラムやシフター，駆動部品の開発・製造を行っている。2018年には，ジェイテクトによる株式公開買付によって，同社の完全子会社となり，上場廃止となった。

■タチエス

タチエスは，自動車用シートを開発・製造しているサプライヤーである。1999年には，上述した富士機工と業務・資本提携を実施し，日産からの資本参加を解消した。2006年には，日産グループから離脱した河西工業と業務提携を行い，2010年には米国のJCIと業務提携を結んだ。2017年には，トヨタグループの自動車用シートサプライヤー，トヨタ紡織と業務提携を行い，富士機工のシート事業を継承したTF-METALの全株式を取得した。

■河西工業

河西工業は，ドアトリムやルーフトリムなどの自動車内装部品を製造・販売するサプライヤーである。2001年から化学系専門商社である長瀬産業の出資を段階的に受けて，資本提携を強化した。2002年には，長瀬産業が日産に代わって筆頭株主となった。

■エクセディ

エクセディはクラッチやトルクコンバータ，トランスミッション部品などの自動車部品を開発・製造するサプライヤーである。2001年，日産はエクセディの株式（総発行済株式数の23.41％）を，アイシン精機をはじめとするアイシングループ3社に譲渡した。それ以降，アイシン精機がエクセディの筆頭株主となっている。

■市光工業

自動車用ランプを製造している市光工業は，2000年にフランスの大手サプライヤー，ヴァレオと照明機器部門について包括的事業提携を結んだ。日産は市光工業の株式を売却し，ヴァレオが同社の筆頭株主となった。2017年には，ヴァレオが株式公開買付を行い，市光工業の50％以上の株式を取得し，市光工業は子会社化された。ただし，同社は株式上場を維持している。

(3) 日産との資本関係を維持したサプライヤー

■日産車体

日産車体は，日産ブランドの乗用車や商用車の開発・組立を行う車体メーカーである。NRPの前から，日産は日産車体の40％以上の株式を所有していたが，2018年には50％まで引き上げた。ただし，日産車体は上場を維持しており，いわゆる上場子会社となっている。

■愛知機械工業

　愛知機械工業は，自動車用エンジンやトランスミッションなどを製造するサプライヤーである。当初は日産ブランドの完成車の組立も行っていたが，2001年にセレナの生産を日産へ移管し，完成車組立事業から撤退した。2012年には日産の完全子会社となり，上場廃止となった。

■鬼怒川ゴム工業

　鬼怒川ゴム工業は，自動車ゴム部品を取り扱うサプライヤーである。日産はNRPの後も同社の株式を約20％保有し続けてきた。しかし，2016年には日本政策投資銀行（DBJ）グループが株式公開買付を行うことによって，日産は所有株式をすべて売却し，東証一部上場も廃止となった[16]。

■カルソニックカンセイ

　カルソニックカンセイは，2000年にカルソニックとカンセイが合併して設立された。コクピットモジュールや空調機器，排気システム，電子製品など，同社の取扱製品は多岐にわたる。2005年には，日産が出資比率を上げることによって連結子会社となり，日産との資本関係が強化された。

　しかし2017年には，日産がカルソニックカンセイの株式を米国の投資ファンド，コールバーグ・クラビス・ロバーツ（KKR）に売却し，日産グループから離脱した[17]。さらに2019年には，カルソニックカンセイがイタリアのフィアット・クライスラーの自動車部品部門であるマニエッティ・マレリを買収し，両社の事業統合を進めて，ブランド名や企業名をマレリに変更した[18]。

16　日本経済新聞2016年3月12日，および日本政策投資銀行ニュースリリース2016年8月31日より。

17　日本経済新聞2017年2月21日，およびKKRのニュースリリース2017年3月23日より。

18　カルソニックカンセイのニュースリリース2018年10月22日，および日本経済新聞2019年5月10日より。

表6.2は，2000年代前半における日産グループの変化を表している[19]。日産系サプライヤー19社のうち，日産との資本関係を維持したサプライヤーは4社，日産から独立，あるいは他社と提携したサプライヤーは7社，他社の傘下に入ったサプライヤーは8社であった。また，他社傘下に入った8社のうちの5社が上場廃止となった。表6.3は2010年代後半の日産グループの変化を表しており，2000年代前半からは以下の変化が見られた。まず，日産から独立し，他社と提携関係を結んでいたサプライヤーの2社（市光工業，富士機工）が，他社の子会社となった。さらに，日産と資本関係を維持していた4社のうちの2社（鬼怒川ゴム工業，カルソニックカンセイ）が他社の傘下に入って上場廃止となり，愛知機械工業は日産の完全子会社となった。日産から独立したタチエスは，トヨタ系サプライヤーのトヨタ紡織と業務提携を締結した。

表6.2▶▶▶日産と日産系サプライヤーの資本関係の変化（2000年代前半）

	資本関係の維持	資本関係の解消	
		独立・提携	他社傘下・合併
上場維持	日産車体 愛知機械工業 鬼怒川ゴム工業 カルソニックカンセイ （2000）	タチエス（富士機工：1999） 市光工業（ヴァレオ：2000） 富士機工（光洋精工：2001） エクセディ （アイシングループ：2001） 日本気化器（2001） シンニッタン（2001） 河西工業（長瀬産業：2002）	トーソク（日本電産：1997） 橋本フォーミング （アルティア：2004） フジユニバンス （アイエス精機：2005）
上場廃止			池田物産（JCI：2000） ユニシアジェックス （日立：2002） 桐生機械（住友商事：2004） 自動車電機工業 （ミツバ：2004） 栃木富士産業（GKN：2005）

出所：各社のホームページ，有価証券報告書，アニュアルレポートに基づき筆者作成

19　表6.2，および表6.3におけるサプライヤー名の後ろのかっこ書きには，日産に代わって資本関係を結んだ企業名とその変化のあった年が記載されている。

表6.3 ▶▶▶ 日産と日産系サプライヤーの資本関係の変化（2010年代後半）

	資本関係の維持	資本関係の解消	
		独立・提携	他社傘下・合併
上場維持	日産車体	エクセディ （アイシングループ：2001） ○ニッキ（2001） シンニッタン（2001） 河西工業（長瀬産業：2002） タチエス （トヨタ紡織：2017）	○ファルテック ○ユニバンス 市光工業（ヴァレオ：2017）
上場廃止	愛知機械工業 （2012）		○アディエント ○日立オートモティブシステムズ ○キリウ ○ミツバ ○GKNドライブラインジャパン ○日本電産トーソク（2013） 鬼怒川ゴム工業（DBJ：2016） ○マレリ（KKR：2017） 富士機工 （ジェイテクト：2018）

注：○は社名を変更したサプライヤー，網掛けは2000年代前半から変化のあったサプライヤーを示す。
出所：各社のホームページ，有価証券報告書，アニュアルレポートに基づき筆者作成

6.2.2　日産と日産系サプライヤーの利益・リスク分配メカニズムの変化

　2000年以降，日産と日産系サプライヤーの資本関係は大きく変化していることが確認された。また，先述したように，日産と日産系サプライヤーの取引関係についても変化していると指摘された（武石・野呂，2017；犬塚，2018）。特に，日産の取引戦略が大きく変化した要因の1つとして，2001年4月に設立されたルノーとの共同購買組織であるRNPO（Renault-Nissan Purchasing Organization）の存在が挙げられる[20]。RNPOでは，ルノーと日産の共通の部品の選定や調達を行うことを目的として，競争力のあるサプライヤーからグロー

バルに部品を調達し，大量発注によって規模の経済を追求し，コスト削減を図った。さらに，2014年4月からは部品の選定・調達だけでなく，購買企画や管理，モデル別のプロジェクトを統合し，購買業務全般をRNPOへ集約し，両社のさらなる一体化が進んだ。

　このように，日産の取引戦略が大きく変化する中で，サプライチェーンにおける利益やリスクの分配メカニズムがどのように変化したのか。次項では，第5章の研究方法に準じて2種類の分析を行う。

　第一に，1985年から2003年までの期間に，日産と日産系サプライヤーのトータル在庫，売上高付加価値率，売上高営業利益率の変化を単独決算の財務データに基づいて概観する。日産はNRPによって，部品の調達先を系列サプライヤーから独立系や他社系列のサプライヤーへとシフトしたが，一方で，系列関係を維持したサプライヤーからは安定的に調達しているという指摘があった（武石・野呂，2017）。また，日産は日産系サプライヤーと資本関係を解消したが，その解消はそれ以上の意味がなく，資本関係の解消後も取引関係は継続しているという指摘もある（清，2005）。さらに，一般的に自動車メーカーが調達先をシフトさせる場合は，次期のモデルチェンジの際に行われることがほとんどであり，現行モデルの生産途中で調達先を変更することはあまりない。したがって，NRPが発表されてからそれほど時間が経過していない2003年までの期間を分析対象として，NRP前後の比較を行う。ただし，2000年以降，日産系サプライヤーの中には合併や上場廃止によって財務データが入手できない企業が存在する。第5章で研究対象とした日産系サプライヤー20社のうち，カンセイはカルソニックと合併し，池田物産，ユニシアジェックス，桐生機械は2000年代初頭に上場廃止となったために，日産系サプライヤー16社（1999年まではカンセイを含めて17社）を研究対象とする。

　第二に，より長期的な利益やリスクの分配メカニズムを明らかにするために，1985年から2015年までの期間において，日産とカルソニックカンセイ，鬼怒川

20　『日産自動車グループの実態2018年版』（P.111）より。

ゴム工業の連結売上高営業利益率の推移を比較する。NRPによって，日産との取引関係が大きく変化したサプライヤーが存在する中で，この２社は2010年代後半まで日産との資本関係を維持しており，日産への売上比率も高く推移してきた。ただし，使用する財務データは連結決算ベースとする。2000年３月期から日本の会計基準が大幅に見直されることとなり，単独主体から連結主体の決算へと移行され，海外子会社や関連会社を含めた業績の開示が義務づけられた（本合，2011）。自動車メーカーやサプライヤーの事業のグローバル化も進展しており，単独決算だけでは，実際の企業活動の結果を計り知ることは困難となっている。ただし，連結決算は海外事業所のデータを含むために，３社の海外進出国や生産拠点数が異なることを考慮して，トータル在庫の分析は行わずに，連結売上高営業利益率のみの比較を行う[21]。

(1) 2000年代初めまでの変化

　図6.2は，1985年から2003年までの日産と日産系サプライヤー16社合計の在庫（金額ベース）／日産の売上高の推移を表している[22]。1999年にNRPが発表されて以降，サプライチェーンにおけるトータルの在庫量が減少していることがわかる。1998年には0.065であったが，2003年には0.041まで減少した。各段階の在庫の変化について，1998年ではサプライヤーの全在庫が0.018，日産の原材料と仕掛品の合計が0.023，日産の製品在庫が0.024であったが，2003年では，それぞれ0.013，0.014，0.014と減少した。サプライヤーの全在庫はこの５年間で約27%減少したが，日産の原材料と仕掛品の合計は約39%，日産の製品在庫は約42%減少しており，在庫の負担割合が日産からサプライヤーに転嫁されたというよりも，トータル在庫が全体的に削減された中で，日産の負担する在庫の割合が若干ではあるが，減少したといえる。

21　連結決算では付加価値額を算出することが難しいために，売上高付加価値率の分析も行わない。
22　1999年までは，カルソニックとカンセイを個別で集計しているため，17社が対象となっている。図6.3，図6.4も同様である。

図6.2▶▶▶トータル在庫/日産売上高の推移

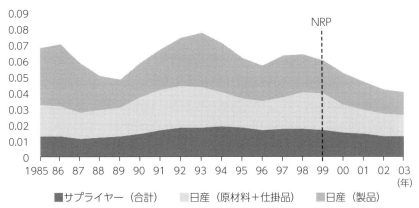

出所：日産，日産系サプライヤー16社の有価証券報告書に基づき筆者作成

　図6.3は，1985年から2003年までの日産と日産系サプライヤー16社の売上高付加価値率の推移を表している。NRP発表後，日産の付加価値率が急上昇していることがわかる。発表直後の1999年は12.19％に落ち込んだが，2000年には15.32％，2001年には20.34％となり，日産系サプライヤーと同水準まで上昇した。この期間，日産の売上高は2002年を除いて増大していないが，付加価値額は2000年から2002年にかけて急増した。その要因は，日産の売上原価，特に材料費の割合の減少を指摘することができる。1998年の売上高に占める売上原価の割合（売上原価率）は83.64％，同じく売上高に占める材料費の割合（材料費率）は68.00％であった。1999年には一時的に上昇するが，2000年以降に減少に転じて，2003年には売上原価率が79.02％，材料費率が65.63％になった。NRPによる取引サプライヤー数の削減や競争力のあるサプライヤーへの取引の集中化がコスト削減に寄与したと考えられる。

　図6.4は，日産と日産系サプライヤー16社の売上高営業利益率の推移を表している。日産の利益率は，NRP発表直後の1999年に－0.53％となったが，2000年に4.29％，2001年に8.02％，さらに2002年には9.24％と急上昇した。その間，日産系サプライヤーの利益率も上昇傾向にあるものの，日産の利益率との差が

図6.3 ▶ ▶ ▶ 売上高付加価値率の推移

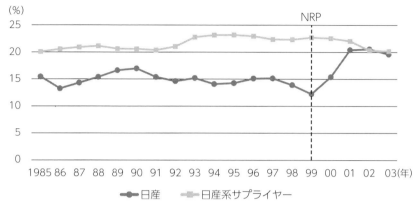

出所：日産，日産系サプライヤー16社の有価証券報告書に基づき筆者作成

図6.4 ▶ ▶ ▶ 売上高営業利益率の推移

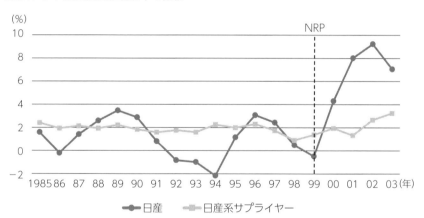

出所：日産，日産系サプライヤー16社の有価証券報告書に基づき筆者作成

拡大する結果となった。2000年の日産の利益率は日産系サプライヤーの2.22倍，
2001年は6.14倍，2002年は3.49倍となった。事業活動の結果として得られた営
業利益が日産側により大きく分配されたことが考えられる。また，日産の販売
費および一般管理費が大幅に削減されたことも，日産の売上高営業利益率が急

132

上昇した要因であると指摘することができる。日産は，国内販売会社の再編や販売奨励金の削減などを実施した結果，1998年には5,278億円であった販売費および一般管理費は，2002年には4,199億円に減少した。

⑵ 2010年代後半までの変化：カルソニックカンセイと鬼怒川ゴム工業

次に，2010年代後半まで上場を維持してきた旧日産系サプライヤーのうち，カルソニックカンセイと鬼怒川ゴム工業の2社に注目して，その連結売上高営業利益率の推移を日産のそれと比較しながら概観する。

図6.5は，カルソニックカンセイと鬼怒川ゴム工業における連結売上高に占める日産向けの売上比率の推移を表している。なお，鬼怒川ゴム工業については，日産を含めた日産グループ向けの割合を示している[23]。カルソニックカンセイについては，2007年度の日産向け売上高は約6,318億円であり，売上高全体に占める割合は約75.8％であった。日産に次ぐ得意先はいすゞであるが，その割合は5.7％であり，日産向け比率が圧倒的に高いことがわかる。2008年から2009年にかけても日産向け割合が上昇しているが，その理由としては2008年に起こった世界同時不況，いわゆるリーマンショックが挙げられる。基本的に不況に陥った場合は，売上高に占める主要顧客の割合が高まる傾向がある。2009年からは80〜81％台で推移していたが，2013年に82.8％となり，さらに2014年には84.1％となった。カルソニックカンセイの日産向けの売上比率は上昇しており，同社の日産への取引依存度が高まっている。

他方，鬼怒川ゴム工業における日産向け売上比率は減少傾向にある。2007年の日産グループ向け売上比率は約60％であった。カルソニックカンセイと同様に，リーマンショックの時期は約65％まで上昇したが，その後は減少し，2014年には60％を下回り，約55％が日産グループ向けとなった。また，日本の日産

23　日産グループには，日産の海外事業体，日産車体，愛知機械工業，日産車体工機，ユニプレス，ヨロズ，カルソニックカンセイなどが含まれる（鬼怒川ゴム工業の決算説明会資料より）。

図6.5 ▶ ▶ ▶ 日産向け売上比率の推移

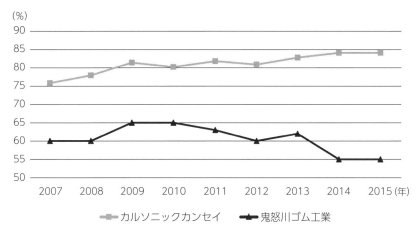

出所：両社の決算説明会補足資料，有価証券報告書に基づき筆者作成

向け売上比率についても減少しており，2007年の約18％から2015年の約9％と減少している。他の自動車メーカー向けの売上高が増大しているとともに，日産グループ向けの売上高についても日本から海外へとシフトしていることがわかる。

　図6.6は，日産，カルソニック，鬼怒川ゴム工業3社における1985年度から1999年度までの連結売上高営業利益率の推移を示している。1980年代後半にかけて，日産の利益率は上昇しているが，カルソニックは横ばい，鬼怒川ゴム工業は減少傾向が見られる。1990年代の前半には，日産と鬼怒川ゴム工業の利益率が下降しているのに対して，カルソニックは逆に上昇していた。1990年代後半は逆に，日産と鬼怒川ゴム工業の利益率は上昇したが，カルソニックは下降し，3社の利益率は1〜2％に収斂している。

　この期間の利益率の平均について，日産が1.31％，カルソニックが3.18％，鬼怒川ゴム工業が0.89％であり，同期間の利益率の標準偏差は，日産が2.15％，カルソニックが1.34％，鬼怒川ゴム工業が1.25％であった。総じて，鬼怒川ゴ

図6.6 ▶ ▶ ▶ 売上高営業利益率の推移（NRP前）

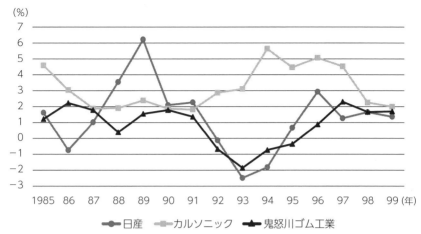

出所：三社の有価証券報告書に基づき筆者作成

ム工業は低い水準で安定的に推移しているが，カルソニックは日産よりも高い
水準で安定的に推移していた。また，日産と鬼怒川ゴム工業の利益率は1990年
代にある程度の連動性が見られるが，日産とカルソニックについては，連動し
た動きはあまり見られなかった。

　図6.7は，2000年度から2015年度までの３社の連結売上高営業利益率の推移
を示している。NRP直後の2000年から2005年にかけて日産の利益率は上昇し
ていき，10％前後にまで達したが，その後は７％台に下降した。カルソニック
カンセイも低水準ではあるが，2000年から2005年にかけて利益率は１％台から
３％台に上昇した。しかし，日産の連結子会社となった2005年以降は，一転し
て利益率が下降した。他方，同時期の鬼怒川ゴム工業は，カルソニックカンセ
イと同じ水準で上下に変動しながら推移していたが，2007年には前年の0.12％
から4.90％へと利益率が急上昇した。

　2008年に起こったリーマンショックに直面し，日産の利益率は前年の7.4％
から−1.6％となり，大幅に下落した。カルソニックカンセイは日産よりも低く，

図6.7 ▶ ▶ ▶売上高営業利益率の推移（NRP後）

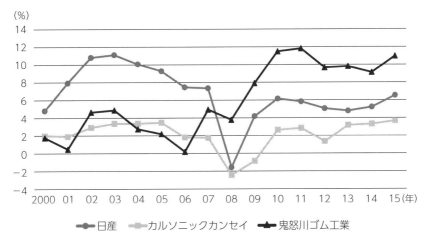

出所：三社の有価証券報告書に基づき筆者作成

−2.5％にまで下落した。その後，日産は4～6％台まで回復したが，カルソ
ニックカンセイの利益率は3％台で推移し，日産よりも低い水準となっている。
一方，鬼怒川ゴム工業の利益率は，リーマンショックによる不況に陥っても，
3.75％と小幅な下落に踏みとどまり，その後は2010年と2011年に過去最高益を
達成するなど，日産よりも高い水準で推移している。

　この期間の利益率の平均については，日産が6.53％，カルソニックカンセイ
が2.10％，鬼怒川ゴム工業が5.99％であり，同期間の利益率の標準偏差は，日
産が3.11％，カルソニックカンセイが1.68％，鬼怒川ゴム工業が4.07％であった。
NRP前と比べて，日産と鬼怒川ゴム工業の利益率の平均と標準偏差は上昇し
たが，カルソニックカンセイの平均は下がり，標準偏差は上昇した。

　表6.4は，各期間における日産とカルソニックカンセイ，鬼怒川ゴム工業の
利益率（前年比）の相関係数を表している[24]。日産がNRPを実施した1999年を
境として，前半と後半に分けて分析すると，1986年から1999年までの期間につ
いては，カルソニック，鬼怒川ゴム工業ともに，日産の利益率との有意な相関

表6.4 ▶ ▶ ▶ 日産と日産系サプライヤーの利益率（前年比）の相関係数

年度	カルソニック カンセイ	鬼怒川ゴム工業
1986〜1999	.064	.154
2001〜2015	.777**	.524*

**1％有意　　*5％有意

出所：三社の有価証券報告書に基づき筆者作成

関係は得られなかった。他方，2001年から2015年までの期間においては，両社
とも日産の利益率との間に有意な正の相関関係が得られた（カルソニックカン
セイは.777で1％有意，鬼怒川ゴム工業は.524で5％有意）。

　第4章における分析結果と同様に，NRPまでは日産と日産系サプライヤー
との間に，利益率の連動性はあまり高くなく，サプライヤーは安定した利益率
を確保しているのに対して，日産の利益率の変動が激しく，生産コストや需要
の変動リスクを日産のみで負担していたといえる。しかし，NRP後の2001年
からは日産の利益率の変動に対して，日産系サプライヤーの利益率も連動して
いるように見受けられる。しかし，2001年から2015年までの期間には，2008年
のリーマンショックという利益率が大幅下落した時期が含まれており，その下
落した数値が全体の相関関係に影響を与えている可能性が高いと考えられる。

　そこで，リーマンショック期の2008年を除いた期間の相関係数を表したもの
が表6.5である。2008年を除いた年度を7年ごとに区切って，各期間における
日産とカルソニックカンセイ，および日産と鬼怒川ゴム工業の利益率の相関係
数を示している。NRP前の1986〜1992年と1993〜1999年において，両社とも
に有意ではないものの，数値の低い正の相関関係や負の相関関係が見られた。
NRP後の2001年〜2007年については，やはり両社とも有意ではないが，数値
の高い正の相関関係が見られた。リーマンショック後の2009〜2015年において，

24　カルソニックカンセイについて，1999年まではカルソニック単独の数値を，2000年以降は
カンセイと合併して設立されたカルソニックカンセイの数値を表している。表6.5も同様で
ある。

表6.5▶▶▶日産と日産系サプライヤーの利益率（前年比）の相関係数

年度	カルソニック カンセイ	鬼怒川ゴム工業
1986〜1992	.145	−.011
1993〜1999	−.007	.381
2001〜2007	.617	.386
2009〜2015	.467	.849*

*5%有意

出所：三社の有価証券報告書に基づき筆者作成

カルソニックカンセイの正の相関係数は若干下がったが，鬼怒川ゴム工業のそれは上昇し，しかも有意な関係が得られた。総じて，基本的には日産系サプライヤーの2社は，日産に比べて低水準ではあるものの安定した利益率を確保してきたが，NRPを通じて，多少は日産の利益率と連動するようになった。特に，リーマンショック後の鬼怒川ゴム工業には，その傾向が顕著に見られたといえる。

6.3　トヨタグループにおけるサプライチェーンの変化

6.3.1　トヨタグループの再編

トヨタグループの再編については，2000年前後から加速した。1998年には，提携関係にあったダイハツ工業の株式を50％以上取得し，子会社化した[25]。2001年には，同じく提携を結んでいた日野自動車を子会社化するとともに，トヨタの産業車両部門を豊田自動織機に譲渡した。トヨタもグループとしての経営の一体化を強化していったといえる。**表6.6**は，前章で取り上げたトヨタ系サプライヤー21社に対するトヨタの出資比率の変化を示している。日産グループと比べて，トヨタとの資本関係が大幅に変更されたサプライヤーは少ない。

25　2016年には，トヨタが株式交換によってダイハツ工業を完全子会社化し，ダイハツ工業は上場廃止となった（トヨタのニュースリリース2016年1月29日より）。

表6.6▶▶▶トヨタ系サプライヤーに対するトヨタの出資比率の変化

企業名 （1998年時点）	事業内容	トヨタの出資比率（%）			企業名変更
		1999.3	2009.3	2019.3	
トヨタ車体	車両組立	47.07	56.23	非上場	
関東自動車工業	車両組立	49.22	50.23	非上場	トヨタ自動車東日本
シロキ工業	ドアサッシ	14.30	16.93	非上場	
豊田合成	合成樹脂，ゴム	42.50	42.65	42.84	
豊田紡織	フィルター，内装材	11.86	39.36	39.66	トヨタ紡織
トリニティ工業	塗装設備，内外装部品	42.00	41.68	35.95	
東海理化	スイッチ，ロック	30.90	31.16	32.18	
フタバ産業	マフラー	12.28	12.25	31.42	
愛三工業	電子式燃料噴射装置	35.00	32.62	28.74	
アイシン精機	ミッションなど	24.50	22.25	24.81	
豊田自動織機	車両組立，コンプレッサー	24.72	23.51	24.67	
中央発條	ばね，ケーブル	24.20	24.11	24.58	
デンソー	冷暖房機器，電装品	24.60	22.54	24.38	
光洋精工	ベアリング	21.90	22.54	22.52	ジェイテクト
豊田工機	工作機械，各種部品	25.08	光洋精工と合併		
東京焼結金属	粉末冶金部品，油圧部品	26.00	20.81	20.90	ファインシンター
小糸製作所	ランプ	20.00	20.00	20.00	
尾張精機	ネジ，鋳造品	5.00	9.99	10.09	
カヤバ工業	油圧機器	8.80	8.81	7.69	KYB
中央可鍛工業	鋳鉄部品，アルミ部品	5.00	5.14	5.20	
太平洋工業	バルブ，プレス樹脂部品	2.00	-	-	

出所：各社の有価証券報告書に基づき筆者作成

以下では，各サプライヤーにおける2000年以降の動向を概観する[26]。

26　トヨタグループの動向は，『トヨタ自動車75年史』，各サプライヤーの有価証券報告書，ニュースリリース，決算報告資料，およびホームページなどに基づいている。

(1)　合併したサプライヤー

■東京焼結金属

　粉末冶金製品を製造・販売する東京焼結金属は，2002年に日本粉末合金と合併して，ファインシンターが設立された。合併前の東京焼結金属に対するトヨタの出資比率は約20％であったが，合併後も同じ出資比率を維持している。合併に先立ち，2000年にはトヨタ，東京焼結金属，日本粉末合金の3社で技術開発センターを開設した。

■豊田紡織

　豊田紡織は，1950年にトヨタ自工から分離独立した民成紡績をルーツとしている[27]。繊維事業から自動車部品事業へとシフトし，天井やカーペット，内装トリムなどの自動車用内装材の製造・販売を主力事業とした。2004年，豊田紡織は，自動車用シートなどの内装部品を製造・販売するアラコの内装部門とタカニチと合併し，トヨタ紡織と社名を変更した[28]。車両の室内空間に対して，コンセプト提案から一貫して，開発・設計・製造を行うシステムサプライヤーとして再出発することになった。

■光洋精工，豊田工機

　2006年1月，ベアリングやステアリングを製造する光洋精工と，工作機械やステアリングを主力製品とする豊田工機が合併し，ジェイテクトが発足した。豊田工機は1941年にトヨタ自工から工機部が分離独立して設立されたサプライヤーであり，光洋精工は1980年代にトヨタから出資を受けて，トヨタグループに入ったサプライヤーであった[29]。部品や機械で両社のシナジー効果を発揮し，

27　1918年，豊田佐吉は豊田紡織を設立したが，戦時体制の下で，豊田紡織を含む5社が合併し，1942年に中央紡績が設立された。1943年にはトヨタ自工と中央紡績が合併し，グループ発祥の紡績事業は一時的に終焉した。戦後は，トヨタ自工の紡績事業が復興され，民成紡績として分離独立した（『トヨタ紡織のあゆみ1918〜2018』P.65〜69より）。

28　アラコの車体部門はトヨタ車体に統合された（『トヨタ紡織のあゆみ1918〜2018』P.172より）。

激しさを増しているグローバル競争に伍するための合併であった。

(2) 上場廃止となったサプライヤー

■トヨタ車体

　トヨタ車体の前身はトヨタ自工の刈谷工場であり，戦中・戦後の混乱の中，トラックボデーの専門メーカーとして，1945年8月に分離独立した。それ以降は，トヨタブランドの乗用車や商用車の組立を主たる事業としている。2000年には，実質的にトヨタの連結子会社となり，2003年にはトヨタが50%以上の株式を取得し，米国会計基準でも連結子会社となった。2004年には，豊田紡織と合併したアラコの車両組立事業を統合した。2011年には上場廃止となり，翌年にはトヨタの完全子会社となった。

■関東自動車工業

　関東自動車工業はトヨタブランドの車両組立を担っているボデーメーカーである。トヨタ車体と同様に，2000年に実質的にトヨタの連結子会社となり，2003年にはトヨタが50%以上出資を行い，米国会計基準でも連結子会社となった。2011年に上場廃止となり，2012年1月には，株式交換によってトヨタの完全子会社となった。同年7月には，セントラル自動車[30]とトヨタ自動車東北を吸収合併し，トヨタ自動車東日本となった。主としてトヨタブランドのコンパクトカーの組立を担当している。

■シロキ工業

　シロキ工業は，シート機能部品やドア関連部品を製造・販売するサプライヤーである。2015年11月，トヨタ向けのシート事業をトヨタ紡織に譲渡した。2016年4月，株式交換によって，アイシン精機の完全子会社となり，上場廃止

29　日経ビジネス2017年4月3日号。
30　セントラル自動車は2008年にトヨタの完全子会社となった（トヨタのニュースリリース2008年7月28日より）。

となった。

⑶　トヨタからの出資比率が上昇しているサプライヤー

■豊田合成

1949年，トヨタ自工のゴム製造部門を母体として，名古屋ゴムが設立され，のちに豊田合成に改称された。ウェザストリップなどのゴム部品，インストルメントパネルなどの内外装部品をはじめ，LED製品の開発や製造・販売を行っている。トヨタの出資比率は40％を超えており，近年の社長もトヨタ出身者が就任するなど，トヨタグループの中でも，特にトヨタとの関係が緊密なサプライヤーである。

■東海理化

1948年，トヨタ自工の部品倉庫を訪問して，「スイッチ製作は手間がかかり誰もやりたがらない」と説明を受けた同社の創業者が一念発起して，東海理化を設立した。現在は，各種スイッチ以外にも，シートベルトなどのセキュリティ部品やECUなどのエレクトロニクス部品も手掛けている。トヨタからの出資比率は30％を超えており，近年は徐々にその比率が上がっている。

■フタバ産業

フタバ産業は，マフラーなどの排気系部品やボデー部品の製造・販売を行っているサプライヤーである。2000年代後半から元役員の不祥事，不適切な会計処理，過剰な設備投資により，経営危機に直面した[31]。その再建のために，2009年にはトヨタ出身の新社長が就任した[32]。また，2017年には，トヨタから追加出資を受けて，出資比率が約12％から約31％に引き上げられて持分適用会社となり，トヨタの下で国内外拠点の再編や設備投資を行うことになった[33]。

31　日経ビジネス2017年3月6日号。
32　週刊東洋経済2009年7月25日号。
33　日本経済新聞2016年7月1日。

■尾張精機

尾張精機は，ネジや精密鍛造品を製造・販売するサプライヤーである。2007年度には，トヨタの出資比率が5.53％から9.99％に引き上げられた。当時の筆頭株主は三菱マテリアルであったが，現在は日立金属が筆頭株主となっている。

■中央可鍛工業

中央可鍛工業は，自動車向けの鋳鉄部品やアルミ部品を製造・販売するサプライヤーである。1948年にトヨタ自工の協力工場として取引を開始し，1960年にトヨタ自工からの出資を受けた。近年は5％台の出資比率で推移している。

(4)　トヨタの出資比率が安定的に推移しているサプライヤー

■豊田自動織機

豊田自動織機は，繊維機械だけでなく，自動車部品製造や車両組立，産業車両の製造を行っているサプライヤーである。2000年にトヨタから産業車両の販売部門を譲渡されてから，産業車両部門の事業割合が拡大している。2019年3月期では，連結売上高に占める産業車両部門の割合は約66％であり，約28％の自動車部門を大きく上回っている。

■デンソー

熱機器や電子部品などを主力製品とするカーエレクトロニクスサプライヤーのデンソーは，1949年にトヨタ自工の電装工場が分離独立して設立された。連結売上高は約5兆3,600億円（2019年3月期）であり，トヨタグループで最大規模のサプライヤーである。トヨタの出資比率は20％台で安定して推移しており，人的交流も活発に行われている。トヨタとの強固な関係を構築しながら，近年はトヨタ向けの売上比率を下げて，他の自動車メーカーへと拡販する傾向が見られる[34]。

■アイシン精機

　アイシン精機は，トヨタ自工の航空機部を起源とする東海航空機（のちの愛知工業）と，その兄弟会社である東新航空機（のちの新川工業）が，1965年に合併して設立された[35]。アイシン精機を中心としたアイシングループ全体で，トランスミッションなどのパワートレイン部品，ブレーキなどの走行安全部品，ドアなどの車体部品などの幅広い製品群を製造・販売している。トヨタからは20％以上の出資を受けており，両社の人的交流も盛んに行われている。近年は，2016年のシロキ工業の完全子会社化，2017年のアート金属工業の経営統合など，活発な事業再編を実施している。

■小糸製作所

　小糸製作所は，自動車用照明機器を製造・販売するサプライヤーである[36]。1936年に豊田自動織機の自動車部（のちのトヨタ自工）が製造するＡＡ型乗用車の前照灯を納入したことがトヨタとの取引の始まりである[37]。1980年代後半から1990年代初めにかけて，米国の投資家，ブーン・ビケンズ氏による同社の株式買い占めが終結してからは，一時的には三井信託銀行が筆頭株主となったが，それ以降はトヨタが筆頭株主として約20％の出資比率を維持している。

■中央発條

　中央発條は，自動車用の各種ばねやコントロールケーブルを製造・販売するサプライヤーである。トヨタからの出資比率は約24％で推移しており，近年における歴代の同社社長もトヨタ出身者が就任している。

34　デンソーにおけるトヨタグループ向けの連結売上高は，2007年度が約１兆9,963億円（売上比率は約49.6％）であったが，2017年度のそれは，約２兆3,000億円（売上比率は約45.0％）となっている（デンソーの決算説明会プレゼンテーション資料（各年度版）より）。

35　日経産業新聞2019年５月29日。

36　小糸製作所の詳細な企業情報は第７章で述べている。

37　『小糸製作所100年史』（P.４）より。

(5)　トヨタからの出資比率が減少しているサプライヤー

■トリニティ工業

トリニティ工業は，塗装プラントや塗装システムの設計や製造，自動車の内外装部品の製造を行っているサプライヤーである。1977年にトヨタ自工からの出資を受けて，同社の関連会社となった。トヨタからの出資比率は40％を超えていたが，2017年に自己株式の取得などによって，約35％に減少した。

■愛三工業

愛三工業は，燃料ポンプなどの内燃機関向け自動車部品を製造・販売するサプライヤーである。戦後まもなく，豊田自動織機から自動車部品の製造を請け負うことで，自動車部品事業を開始した。トヨタからの出資比率は30％を超えていたが，近年その比率が下がっている[38]。

■カヤバ工業

カヤバ工業は，ショックアブソーバなどの自動車用緩衝器や産業用の油圧機器などを製造・販売するサプライヤーである。2005年に通称社名をKYBとし，2015年には正式に商号をカヤバ工業からKYBに変更した。トヨタからの出資比率は8％台で推移していたが，2013年の新株式発行により，7％台に下がった。

■太平洋工業

太平洋工業は，タイヤバルブ製品やプレス・樹脂部品を製造・販売するサプライヤーである。トヨタとの取引は，1946年にトヨタ自工の協力工場として，自動車用プレス部品の製造を開始した時から始まった。従来，トヨタからの出資比率は低く，筆頭株主は金融機関となっている。

---

[38]　トヨタに次いで，愛三工業に対する出資比率が高い企業はデンソーである。デンソーは，愛三工業に対して，出資比率を引き上げるとともに，同社のパワートレイン事業の一部を譲渡することを検討していると発表した（愛三工業ニュースリリース2019年5月20日より）。

6.3.2　トヨタとトヨタ系サプライヤーの利益・リスク
　　　　分配メカニズムの変化

⑴　トヨタ向け売上高と売上比率の変化

　トヨタとトヨタ系サプライヤーにおける利益やリスクの分配メカニズムは，2000年以降，どのように変化しているのであろうか。以下では，第5章で分析対象としたトヨタ系サプライヤー21社のうち，デンソー，アイシン精機，豊田合成，東海理化，小糸製作所という年間売上高の多い上位5社に絞って，トヨタとの比較分析を行う[39]。この5社を選定した理由としては，トヨタと個別に比較するためには，ある程度の事業規模が必要であると判断したからである。

　図6.8は，デンソー，アイシン精機，豊田合成，東海理化の連結売上高に占めるトヨタ向けの売上高とその売上比率の推移を表している[40]。デンソーの2006年度におけるトヨタ向け売上高は1兆7,703億円であり，売上比率は49.0％であった。しかし，2008年のリーマンショックや2011年の東日本大震災，タイの洪水などで，トヨタ向け売上高は1兆5,000億円台にまで減少した。その間のトヨタ向け売上比率は50％前後で推移していたが，2012年度からはトヨタ向け売上高は右肩上がりで上昇し，2018年度には2兆4,847億円に達した。ただし，トヨタ以外の自動車メーカーに対する売上高も増大したために，トヨタ向け売上比率は減少し続けて，2018年度には46.3％となった。

　アイシン精機の2003年度におけるトヨタ向け売上高は1兆874億円であり，売上比率は67.7％であった。デンソーと同様に，2008年から2011年まではトヨタ向け売上高は減少したが，2012年度からは右肩上がりで上昇し，2018年度には2兆3,108億円となった。その間のトヨタ向け売上比率は2012年度の65.0％か

---

[39]　2000年以降，対等合併を行ったり，他社傘下に入ったりしたサプライヤーを除く。

[40]　各社のトヨタ向け売上高には，ダイハツと日野自動車に対する売上高を含む。また，小糸製作所は，自動車メーカー別の売上高を公表していないが，インタビュー調査によると，連結売上高の約50％はトヨタ向け（海外のトヨタを含む）となっている。なお，日本のトヨタ向けの売上比率は20％前後で推移している。2018年度の日本のトヨタ向け売上比率は21.9％であった（小糸製作所の有価証券報告書より）。

図6.8▶▶▶トヨタ系サプライヤーにおける売上高のトヨタ向け比率

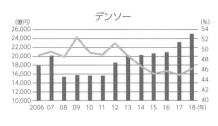
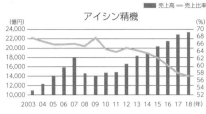
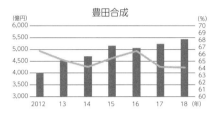
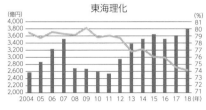

出所：各社の決算説明会資料（各年度）に基づき筆者作成

ら2018年度の57.3％まで減少し，デンソーよりもトヨタ向け売上比率を減少さ
せている。東海理化もデンソーとアイシン精機と同じ傾向が見られる。2004年
度のトヨタ向け売上高は2,557億円で，その売上比率は79.5％であったが，2018
年度にはトヨタ向け売上高は3,767億円，売上比率は74.2％となった。2012年度
以降のデータが公表されている豊田合成のトヨタ向け売上高は，2012年度の
3,985億円から2018年度の5,394億円に増大し，その間の売上比率は，他の3社
ほどの変化はないものの，66.5％から64.2％に減少した。全体的な傾向として，
4社ともトヨタ向けの売上高を増大させながら，トヨタ向け売上比率を下げて
いる。すなわち，トヨタ向けの売上高を増大させているが，それ以上にトヨタ
以外の自動車メーカーに対して，売上高を伸ばしている。

⑵　トヨタとトヨタ系サプライヤーの連結売上高営業利益率の推移
　図6.9は，1985年度から2018年度までのトヨタ，デンソー，アイシン精機の
連結売上高営業利益率の推移を表している。期間全体の利益率の平均について

図6.9▶▶▶▶トヨタグループの連結売上高営業利益率①

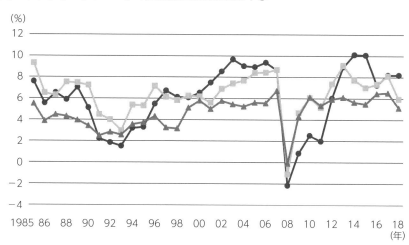

出所：各社の有価証券報告書に基づき筆者作成

は，トヨタが5.97％，デンソーが6.38％，アイシン精機が4.62％であり，各標準偏差は，トヨタが3.06％，デンソーが1.98％，アイシン精機が1.46％であった。デンソーの利益率の平均はトヨタに比べて高く，その変動幅は小さい。1990年代後半まではトヨタよりも高く推移していることが多かったが，2000年代に入ると，逆にトヨタの利益率のほうが高くなった。2008年のリーマンショックではトヨタは−2.25％まで下落したが，デンソーも−1.19％にまで落ち込んだ。それ以降の利益率の回復はデンソーのほうが早かったが，2014年度からは再びトヨタの利益率のほうが高く推移している。一方のアイシン精機は，トヨタよりも低い利益率であるが，安定的に推移している。2008年度は−0.16％にまで下落したが，それ以降は5〜6％台で安定して推移している。

　図6.10は，1985年度から2018年度までのトヨタ，豊田合成，東海理化の連結売上高営業利益率の推移を表している。期間全体におけるサプライヤー2社の利益率の平均は，豊田合成が4.49％，東海理化が4.22％，各標準偏差は豊田合成が1.56％，東海理化が1.99％であった。この2社も，先述したアイシン精機

図6.10▶▶▶トヨタグループの連結売上高営業利益率②

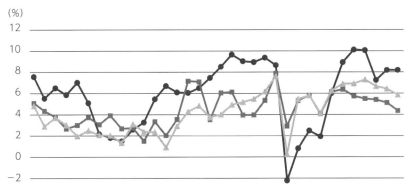

出所：各社の有価証券報告書に基づき筆者作成

　と同様に，トヨタに比べて平均も標準偏差も小さく，相対的に低水準ではある
が，利益率は安定的に推移している。リーマンショック期の2008年度に赤字に
陥ったトヨタに対して，豊田合成が2.90％，東海理化が0.24％の利益率を確保
している。特に，2001年以降の豊田合成は，利益率の平均は上昇したが，標準
偏差は減少しており，より高い水準で安定的に利益率を維持している。
　図6.11は，1985年度から2018年度までのトヨタと小糸製作所の連結売上高営
業利益率の推移を表している。小糸製作所の期間全体の利益率の平均は5.77％
であり，その標準偏差は2.77％であった。小糸製作所の利益率は，これまで見
てきたトヨタ系サプライヤー4社とは異なる動きを見せていることがわかる。
小糸製作所の利益率は，2000年代半ばまでのかなり安定した利益率の推移と，
2010年代に入ってからの持続的な利益率の上昇という2つの特徴がある。第一
に，2000年代半ばまではかなり安定的に利益率が推移している。また，2001年
までの利益率の標準偏差は0.75％であり，他の4社よりも安定している。リー
マンショックが起こった2008年度の利益率は2.28％であり，トヨタに比べて収

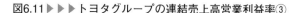

図6.11 ▶ ▶ ▶ トヨタグループの連結売上高営業利益率③

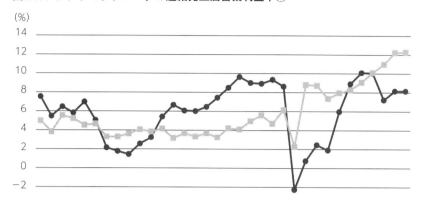

出所：両社の有価証券報告書に基づき筆者作成

益の悪化の程度は低かった。第二に，リーマンショック後の利益率の回復が早く，2012年度からは右肩上がりで利益率は上昇していき，2015年度には10％を超えて，2017年度には12％に達した。

(3)　トヨタとトヨタ系サプライヤーの利益率の連動性

　表6.7は，トヨタとトヨタ系サプライヤー5社の連結売上高営業利益率（前年比）の相関係数を表している。先述した日産と日産系サプライヤーの分析と同様に，リーマンショックが発生した2008年度を除いて，分析期間を三分割した。すなわち，1986年から1996年と1997年から2007年までのそれぞれ11年間と，2009年から2018年までの10年間の3つの期間に分割した。1986年から1996年までの期間について，サプライヤー5社とも正の相関関係が得られた。特に，デンソー，アイシン精機，小糸製作所の3社は統計的に有意となった。前章の単独決算に基づくトヨタグループの分析結果と同様に，トヨタのほうが利益率の変動は大きいが，トヨタ系サプライヤーもトヨタに合わせて，その利益率が変

表6.7 ▶▶▶ トヨタとトヨタ系サプライヤーの利益率（前年比）の相関係数

年度	デンソー	アイシン精機	小糸製作所	豊田合成	東海理化
1986〜1996	792**	.814**	.606*	.388	.415
1997〜2007	−.125	−.433	−.580†	−.284	−.647*
2009〜2018	.610†	.373	.339	.694*	.675*

**1%有意　　*5%有意　　†10%有意

出所：各社の有価証券報告書に基づき筆者作成

動している傾向が見られた。

　1997年から2007年までの11年間については，トヨタとサプライヤー5社の利益率には，負の相関関係が得られた。特に，東海理化は統計的に有意な結果となった。小糸製作所についても，10％有意ということで負の相関関係の緩やかな傾向が見られた。トヨタとトヨタ系サプライヤーの利益率の関係性が変化していることが明らかとなったが，その要因の1つとして，トヨタグループにおける海外進出スピードのばらつきが考えられる。

　図6.12はトヨタとサプライヤー5社の連結売上高の海外売上比率の推移を表している。2001年における各社の海外売上比率は，トヨタが63.1％，デンソーが46.78％，アイシン精機が20.71％，豊田合成が28.63％，東海理化が18.53％，小糸製作所が27.66％であり，トヨタとサプライヤーの海外比率は大きな差があることが確認された。トヨタは2005年に71.41％に達して以降，基本的に70％台で推移している。一方のサプライヤーの海外売上比率も右肩上がりで推移しているが，2007年に50％に達したデンソー以外の4社は，2010年代前半にようやく50％を超えた。トヨタ系の一次サプライヤーは，トヨタの海外進出に伴い，帯同進出する傾向がある。しかし，サプライヤーがトヨタに対して日本で納入している部品を，海外でも同じように納入できるとは限らない。また，サプライヤーが海外進出したとしても，事業の現地化を進めて，経営を軌道に乗せるためにはある程度の時間がかかり，海外進出と同時に，直ちに高い収益性を確保できる保証はない。このような理由によって，2000年代はトヨタとトヨタ系サプライヤーの利益率の連動性はあまり高くなかったのではないかと考

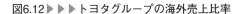

図6.12▶▶▶トヨタグループの海外売上比率

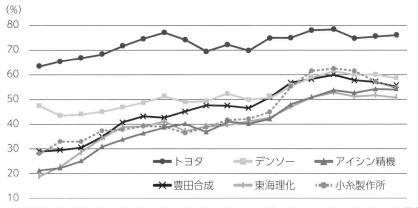

出所：各社の有価証券報告書に基づき筆者作成

えられる。

　2008年度のリーマンショックを経て，2009年度から2018年度の10年間については，トヨタとサプライヤー5社の利益率は正の相関関係が見られた。特に，豊田合成，東海理化という相対的に事業規模の小さいサプライヤーとの間では，統計的に有意となった。他方，アイシン精機と小糸製作所は統計的に有意ではなかった。アイシン精機については，2012年代以降トヨタ向けの売上比率が大きく減少していることが影響しているかもしれない。小糸製作所の利益率は，トヨタの利益率の変動にあまり関係なく，一貫して上昇していた。総じて，2009年以降については，トヨタ系サプライヤーの海外売上比率の上昇が一旦落ち着き，トヨタ系サプライヤーのトヨタ以外の自動車メーカーに対する売上高が増大している中で，トヨタとトヨタ系サプライヤーの利益率は連動しながら推移している傾向が確認された。

6.4 サプライチェーンのガバナンス

6.4.1 日産の系列解体の意味

⑴ 日産グループの変化

　日産は1999年に発表したNRPによって，日産系サプライヤーとの資本関係を大きく見直した。前章と本章で注目した日産系サプライヤー20社については，日産車体，愛知機械工業，鬼怒川ゴム工業，カルソニックカンセイ以外のサプライヤーは，2000年代前半までに日産との資本関係を解消した。さらに2010年代後半までに，日産は日産車体と愛知機械工業を子会社化し，鬼怒川ゴム工業とカルソニックカンセイの所有株式を売却した。「人的つながりや出資関係」という狭義の系列という意味では，日産の系列は解体されたといえる。

　他方，「長期的で協力的であり，短期的で協力的でない関係と対比される関係」という広義の系列という意味では，日産とサプライヤーの関係は部分的に変化したといえる。日本国内において，日産の系列サプライヤーからの調達比率は減少したが，日産との安定的な取引を維持しているサプライヤーも存在しているという指摘があった（武石・野呂，2017）。先述した日産系サプライヤー20社については，連結決算における顧客別売上比率を公表している企業は少なく，詳細な実態を把握することは困難であるが，日産が最大顧客であり続けているサプライヤーもあれば，最大顧客が日産以外へとシフトしたサプライヤーも存在する。前者は，日産の系列に留まったカルソニックカンセイや鬼怒川ゴム工業以外に，連結売上高の約60％が日産グループ向けである河西工業などが該当する[41]。一方で，後者にはタチエス，市光工業，富士機工，ニッキなどが含まれる[42]。これらのサプライヤーは，日産との長期的な取引関係を維持しているが，その取引割合やお互いの取引依存度は減少している。

41　河西工業の決算説明会資料（各年度版）に基づく。

(2)　利益・リスク分配メカニズムの変化

　日産グループのサプライチェーンにおける利益・リスク分配については，以下のような変化が見られた。

　NRP直後の2000年代前半，日産グループのサプライチェーンのトータル在庫は大幅に減少した。特に，日産側が負担する在庫の割合がより減少した。また，日産の売上高付加価値率はサプライヤーと同水準にまで上昇し，同社の売上高営業利益率はサプライヤーを大きく上回り，NRP前に比べて，日産への利益分配の割合が大きくなったといえる。第4章で概観したように，日本の自動車産業では，自動車メーカーがサプライヤーのリスクを吸収するという特徴が見られた。しかし，第5章で明らかにされたように，日産グループでは，日産がサプライヤーのリスクを過度に吸収していることがわかった。日産単独で過大なリスクを負担し続けることが限界に達し，ついにはNRPによって利益やリスクの分配メカニズムは大きく見直された。NRP直後には，日産は系列サプライヤーとの関係を，よりシビアでよりドライな関係へとシフトさせた。利益やリスクの分配メカニズムが変化することによって，日産の系列サプライヤーには，より自立した経営が求められるようになった。

　日産と系列サプライヤー2社（鬼怒川ゴム工業とカルソニックカンセイ）における利益・リスク分配の長期的な変化については，NRPまでは両社の利益率は日産のそれと強い連動性は見られなかった。特に，カルソニックは日産の業績の変動に関係なく，安定的に収益を確保していた。NRP後，利益率を急上昇させた日産に対して，カルソニックカンセイも低水準ではあるが，利益率を上昇させた。しかし，連結子会社となった2005年以降，同社の利益率は下降して低水準で推移した。他方，鬼怒川ゴム工業の利益率は，NRP直後は変動しながら低水準で推移したが，2007年に利益率を急上昇させた。翌年のリーマ

42　タチエスの連結売上高の約4割はホンダグループ向け，約3割は日産グループ向けとなっている（タチエスの決算説明資料より）。市光工業の最大顧客は日産からトヨタへとシフトした（市光工業の有価証券報告書より）。富士機工の最大顧客は現在の親会社でもあるジェイテクトとなっている（富士機工の有価証券報告書より）。ニッキは自動車部品事業よりもガス機器事業の割合のほうが大きくなった（ニッキの有価証券報告書より）。

ンショックでも利益率を維持しながら，2011年にかけてその利益率をさらに急
上昇させた。2012年以降は，日産の利益率と連動しながら，しかも日産よりも
高水準で推移していることが鬼怒川ゴム工業の特徴である。

6.4.2　組織の外部化とガバナンス機能

⑴　鬼怒川ゴム工業の経営改革と組織の外部化

　鬼怒川ゴム工業の収益性が向上し，連結売上高営業利益率が高い水準で推移
している要因として，最大の取引先である日産の業績が好転したことが挙げら
れるが，それ以上に自社内の経営改革が功を奏したからである[43]。同社は，
2000年代半ばからNP活動（購買コスト削減活動），NP-Ⅱ活動（第二次購買コ
スト削減活動）に取り組み，鬼怒川ゴム工業グループ全体の合理化活動を進め
た[44]。特に，2007年4月に関山定男副社長が社長に昇格してからは，収益が大
幅に改善した。関山氏は日産の開発部門の出身であり，日産の常務に就任して
いたが，2006年4月に鬼怒川ゴム工業の副社長に就任した。同社は2011年も東
日本大震災やタイの洪水に直面しながらも，2期連続の最高益を更新した。合
理化活動の成果とともに，人員配置の工夫やセル生産方式の導入など，需要の
急変動への対応を強化したことがその要因として指摘される[45]。

　日産と系列サプライヤーとの資本関係が見直され，取引関係も部分的に変化
する中で，従来の系列を維持したままの鬼怒川ゴム工業の収益性が持続的に向
上した要因は何であろうか[46]。その1つとして，サプライチェーンによるガバ
ナンスが考えられる。加護野（2009）は，「ビジネスシステムとコーポレート
ガバナンスは深く結びついている」と指摘する。コーポレートガバナンスとは，

43　鬼怒川ゴム工業は，カルソニックカンセイだけでなく，他の旧日産系サプライヤー（2010
　　年代後半まで財務データを公表している企業に限る）と比べても，2000年代初めから2010年
　　代後半にかけて，その売上高営業利益率を急激に向上させた。
44　鬼怒川ゴム工業の有価証券報告書より。
45　日本経済新聞2012年1月12日。
46　日産が鬼怒川ゴム工業に対して約20％の出資を維持してきた理由として，当時経営が悪化
　　していた鬼怒川ゴム工業には有力な買い手が見つからなかったという指摘がある（日本経済
　　新聞2016年3月11日）。

「株式会社（コーポレーション）がより『よく経営』されるようにするための諸活動とその枠組みづくり」のことである（加護野・砂川・吉村，2010）。すなわち，よりよい企業経営が執行されるようにするための方法，制度や慣行であり，一般的には株主がその役割を果たすことが多い。ただし，「協働企業の経営がうまく行われなくなると，ビジネスシステムが崩壊して自社の存続が危うくなるからである」（加護野，2009）といわれるように，ビジネスシステムの一形態であるサプライチェーンにおいて，取引相手も自社のガバナンス機能に対して重要な役割を担っている。

　ガバナンス機能の違いは組織の外部化の程度の違いによってもたらされる。「外部化とは，事業単位の経営のよしあしを判断し，その経営者を評価し賞罰を与えるのが誰であるかにかかわる概念である」（加護野，2004）。組織の外部化にもさまざまな程度があり，外部化の程度が最も低いのは社内事業部，あるいは社内カンパニーである。100％子会社，合弁子会社，上場子会社となるにつれて，外部化の程度が高くなる。加護野（2004）は，組織の外部化のメリットとして，評価の多元化と客観化，経営者に対するインセンティブ効果，本社の評価や命令に対する抗弁を指摘している。逆にそのデメリットとして，本社の意思の不貫徹，戦略実行に対する障害や会社の枠組みを超えた事業再編の困難，子会社のコントロールの困難を挙げている。

(2)　鬼怒川ゴム工業とカルソニックカンセイのガバナンス機能の違い

　鬼怒川ゴム工業とカルソニックカンセイは，ともに日産を最大顧客としていながら，それらの収益性には大きい差が開いた。その要因として，取引相手からのガバナンス機能の違いが影響していると考えられる。

　2005年，日産はカルソニックカンセイに対する出資比率を引き上げ，同社は日産の関連会社（持分法適用会社）から連結子会社へと変更され，日産とのより一体的な経営が行われるようになった。その要因として，日産のグローバル展開に伴って，カルソニックカンセイが日産の海外工場の生産ラインに近接して，自動車部品を生産・供給するオンサイト生産を実施するためであった[47]。

カルソニックカンセイにおける組織の外部化の程度は従来よりも低くなり，日産の内製部門に似た組織という位置づけとなった。あるいは，日産による垂直統合が進められたともいえる。内部組織や垂直統合されたサプライチェーンにおける利益やリスクの分配については，基本的には統合した側の企業がすべてのリスクを負い，すべての利益を得ることになる。統合された側の企業はリスクを負う必要はないが，自主的な改善や経営努力によって利益を獲得しようとするインセンティブが損なわれる。努力しても利益の分配を受けないからである。結果として，カルソニックカンセイの日産に対する取引依存度は上昇し，その収益性は停滞したままであった。日産以外の自動車メーカーに対しても顧客範囲を広げて，今後のグローバルな競争力を向上させるために，日産は同社の所有株式のすべてを売却した。

　鬼怒川ゴム工業はNRP前と変わらずに約20％という日産からの出資比率を維持してきたが，日産との間の利益・リスク分配メカニズムが変化することによって，より自立した経営が求められるようになった。従来のように日産による過度なリスク吸収が期待できないという危機感は，自社の経営改革に取り組むインセンティブを付与したと考えられる。また，2000年代初めは，事業のグローバル展開への対応や，中国や韓国などの新興国サプライヤーとの競争もあり，収益性の向上やコスト構造の改善は急務であった。鬼怒川ゴム工業は，日産の連結子会社となったカルソニックカンセイよりは，組織の外部化が進められており，ステークホルダーから多様な評価を受ける中で，経営努力に対するインセンティブ効果が発揮されたのかもしれない。その一方で，鬼怒川ゴム工業の利益率は，NRPを通じて多少は日産のそれと連動するようになり，自動車メーカーとサプライヤーが浮沈をともにする関係が見受けられた。特に，リーマンショック後はその傾向が顕著に表れた。また，同社の経営改革は日産出身の社長が中心となって進められたこともあり，両社の関係は全く切り離されたものではないといえる[48]。約20％の出資比率という"つかず離れず"の微

47　日本経済新聞2016年10月29日。

妙なバランスの上で，鬼怒川ゴム工業に対するガバナンス機能が発揮されるようになったと考えられる。もちろん，微妙なバランスだからこそ，その関係のマネジメントは簡単なものではない。

(3)　トヨタグループの資本関係と利益・リスク分配メカニズム

　資本関係や役員派遣という意味の系列と，「長期継続的取引，少数サプライヤー間の能力構築競争，一括発注型の分業パターン」という特徴を有する日本型サプライヤー・システムは異なるものであり，資本関係のない日本型サプライヤー・システムは理念的には存在するという指摘がある（藤本，2002）。しかし，サプライチェーンによるガバナンス機能を発揮させるためには，完全に相手を支配しない程度の出資比率を維持することがプラスに働く可能性が考えられる。もちろん，NRP前の日産グループがそうであったように，単に出資すればよいわけではない。（資本関係や役員派遣という意味での）「系列はぬるま湯的関係の温床となり，競争力に対しては負の効果を持ちやすい」（藤本，2002）といわれるように，NRP前の日産グループ全体や，NRP後の日産とカルソニックカンセイとの関係では，結果として負の側面を露呈してしまった。

　一方，トヨタグループのサプライチェーンについては，2000年以降もトヨタからの出資比率が大きく変わることなく，資本関係や取引関係が維持されているサプライヤーは少なくなかった。また，トヨタグループの利益とリスクの分配メカニズムについては，第5章で概観したように，トヨタとサプライヤーの双方による在庫や利益のシェアリングが行われていた2000年代初めは，各社のグローバル展開の度合いの違いによって，トヨタとサプライヤーの利益率の連動性はあまり高くなかったが，リーマンショック後は総じてトヨタの利益率とサプライヤーのそれらの間には，正の相関関係が見られるなど，取引企業間において，応分のリスク負担や利益分配が持続的に行われてきたといえる。トヨタグループでは，"つかず離れず"の微妙なバランスを保つための工夫が，自

　48　2007年に社長に就任した関山氏の前任も後任も，日産出身の社長が就任している（カルソニックカンセイの有価証券報告書より）。

動車メーカーであるトヨタとサプライヤーの双方によって実践されているといえる。

⑷　トヨタのぬるま湯的体質の防止策とサプライヤーの自立経営

　トヨタはサプライヤーに対してぬるま湯的関係や甘えの構造が生じないように，サプライヤーを巻き込んで，"乾いた雑巾を絞る"と称される厳しいコスト削減活動を展開している（中日新聞社経済部，2015）。2000年以降もグローバルな価格競争力を獲得するためのさまざまな活動が実施された。具体的には，2000年からはCCC21（Construction of Cost Competitiveness 21），2005年からはVI（Value Innovation）活動，2009年からはRRCI（良品・廉価・コスト・イノベーション）という原価低減活動を展開した[49]。原価低減活動の目標は高く，サプライヤーにとっても厳しいものであるが[50]，その成果は取引価格の調整や次期モデルの取引数量によって，サプライヤーにも還元される可能性がある[51]。トヨタとサプライヤーの協働によって実現した原価低減分の利益を双方の貢献度によって分かち合うのである。

　また，トヨタグループのサプライチェーンには，ぬるま湯的体質を防止するための厳しさだけでなく，配慮的措置も存在する。2014年度下期（10月～2015年3月）と2015年度上期（4月～9月），トヨタは取引先に対して部品価格の値下げ要請を見送った[52]。日本のトヨタでは年2回，海外では年1回のペースで実施している価格交渉において，日本では部品価格の値下げ要請を見送ったのである。値下げを見送ることによって，サプライヤーに対して利益が分配された形となった。その理由として，当時は円安傾向にあり，それによる材料価

49　「調達　概要」『トヨタ自動車75年史』（ウェブサイト版）より。
50　例えば，CCC21は主要173品目の部品の原価を30％低減して，世界最安値を目指すものであった（『トヨタ自動車75年史』（P.446）より）。
51　取引価格の調整については，「VA成果還元のルール」がある（浅沼，1997）。取引数量については，貢献度が高いサプライヤーに対する自動車メーカーの評価が上がるために，次期モデルにおいて，より多くの取引数量を確保したり，より利幅の大きい部品を受注したりする可能性が高まる。
52　日本経済新聞2014年10月25日，2015年1月31日，2015年2月28日。

格の高騰が取引先のサプライヤーの収益を圧迫していたからである。定期的な価格調整では，①原材料またはエネルギーの価格変化，②自動車メーカーが部品の値下げを必要とする度合いとサプライヤーの合理化の進展度，③設計変更に基づく原価の変化，④生産量の予想外の変化，という4項目が価格交渉の材料となる（浅沼，1984b）。一般的には，部品の原材料価格やサプライヤーの原価低減の程度などに基づいて個別に値下げ要請が行われるが，全サプライヤーに対して，一律に値下げを見送ることは異例なことであった。デンソーなどのトヨタの一次サプライヤーも，自社の取引先（二次サプライヤー）に対して部品価格の値下げ要請を見送った。

　サプライチェーンのガバナンス機能は，トヨタによる利益やリスクの分配だけでなく，サプライヤーによる自立的な経営によっても，その効果が発揮されると考えられる。サプライヤーはトヨタに従っていればよいわけではない。第一に，トヨタだけでなく，サプライヤーも応分のリスク負担やコストダウンへの協力が求められる。もちろん，トヨタからのサポートは少なからず存在するが，それ以上に自主的な取り組みが必要となる。第二に，サプライヤーは，トヨタ以外の自動車メーカーに対して顧客範囲を拡大させることが，サプライチェーン全体のガバナンス機能を発揮する意味では重要となる。実際に，トヨタ系サプライヤーの多くは，トヨタへの売上高を増大させながら，トヨタ以外の自動車メーカーに対しても，トヨタ以上に売上高を増やすことによって，トヨタへの取引依存度を下げている。サプライヤーがその顧客範囲を拡大させることは，サプライヤーにとっても，さらには顧客である自動車メーカーにとってもメリットがあるという指摘があったが（延岡，1996b），どのようなプロセスでそれを実現しているのであろうか。次章では，近年，急速に収益性を高めている小糸製作所を事例として，サプライヤーの顧客範囲の拡大戦略について考察する。

第 | 7 | 章

トヨタ系サプライヤーにおける顧客範囲の拡大戦略

7.1　はじめに

　本章では，トヨタ系サプライヤーが自社の取引先を拡大するプロセスに注目し，どのように顧客範囲を拡大させているのかという問いについて検討する。取引先の拡大は，自動車メーカーやサプライヤーのパフォーマンスにも影響を与えている。第3章で述べたように，取引先の多い企業のほうがパフォーマンスにプラスの影響を与えているという指摘がある。例えば，自動車メーカーが取引先を拡大させ，複数の取引先から部品を調達する，いわゆる複社発注には，サプライヤー間の競争促進，技術進歩の促進などのメリットがある（伊丹・千本木，1988）。他方，サプライヤーにとっても，自社の部品の供給先を特定企業に限定するよりも，複数の顧客に拡大させるほうがさまざまなメリットがある（延岡，1996b）。しかし，サプライヤーが自社の取引先をどのように拡大させるのかというプロセスについては，これまでの研究であまり議論されていない。

　以下では，LED（Light Emitting Diode：発光ダイオード）ヘッドランプで自動車ランプ市場をリードし，グローバルに事業を展開している小糸製作所の事例を通じて，トヨタ系サプライヤーにおける顧客範囲の拡大戦略について考

察する。小糸製作所は，トヨタグループに属するサプライヤーの中でも，近年その収益性を高めている。トヨタ系サプライヤーとして，トヨタとの緊密な関係を構築しながら，自動車用ランプの新しい技術であるLEDを活用したヘッドランプを開発し，量産体制を確立することによって，その顧客範囲を拡大している。次節以降，小糸製作所が主要製品としている自動車ランプ市場の特徴や動向，自動車ランプに活用される技術の変遷，新しい技術としてのLEDヘッドランプの開発プロセスを概観する。これらの研究目的を明らかにするために，2012年から2019年にかけて，インタビュー調査を実施した[1]（**表7.1**）。

表7.1 ▶ ▶ ▶ 小糸製作所に対するインタビュー記録

年月日	場　　所	インタビュー先
2012年 2 月 6 日	小糸製作所技術開発センター（静岡）	副社長
2012年 3 月26日	小糸製作所技術開発センター（静岡）	副社長，調達部長
2013年 3 月 2 日	名古屋市立大学（名古屋）	副社長
2013年 4 月 5 日	小糸製作所技術開発センター（静岡）	常勤監査役
2014年 3 月17日	Koito Czech s.r.o（チェコ）	社長，副社長
2014年 6 月18日	小糸製作所技術開発センター（静岡）	副社長
2016年 3 月24日	THAI KOITO CAMPANY Ltd.（タイ）	社長，副社長，技術担当出向者
2016年 8 月 1 日	小糸製作所技術開発センター（静岡）	副社長，技術管理部長
2016年12月 1 日	Koito Czech s.r.o（チェコ）	社長
2017年12月 5 日	小糸製作所技術開発センター（静岡）	副社長，技術管理部長
2018年 3 月 1 日	大億交通工業製造股份有限公司（台湾）	副董事長
2018年 9 月25日	THAI KOITO CAMPANY Ltd.（タイ）	社長，技術担当出向者
2019年 6 月10日	小糸製作所技術開発センター（静岡）	副社長，技術管理部長

出所：筆者作成

1　本章の記載内容について，株式会社小糸製作所の取締役副社長であった横矢雄二氏（現在は同社相談役）に確認いただき，貴重なコメントをいただいた。ここに厚く御礼申し上げる。もちろん，ありうべき誤謬は筆者に帰する。

7.2　自動車ランプ市場の動向

7.2.1　世界市場の状況

　自動車ランプには，ヘッドランプのほかに，リアコンビネーションランプ（RCL），フォグランプや室内灯などがある。ただし，ヘッドランプには，より高度な技術や信頼性の高い品質が求められるために，開発や生産が可能なサプライヤーは数社に限定されている。後述するように，自動車に搭載されるヘッドランプの光源には主として，ハロゲン，ディスチャージ，LEDの3種類がある。世界の自動車ランプ市場において，これらのヘッドランプの供給先と納入先との関係は**表7.2**のように示されている。世界の市場シェアについては，日本の小糸製作所とスタンレー電気，ドイツのヘラー，フランスのヴァレオ（完全子会社となった市光工業を含む），イタリアのオートモーティブライティング（AL）の5グループが大半を占めている。近年は，韓国のSLコーポレーション，アメリカのビステオンのランプ事業を買収したインドのバロック，フォードの自動車照明事業を引き継いだベントラ，中国メーカーの常州星宇車灯なども台頭しているが，LEDなどの最先端の技術が搭載されたヘッドランプの開発や生産は，日本や欧州のランプメーカーが中心となっている。

　ヘッドランプの光源としてのLEDを開発・生産するメーカーの数も限られている。具体的には，ドイツのオスラム，オランダのフィリップスから分離独立したルミレッズ，日本の日亜化学工業（以下，日亜化学）の3社が中心となって自動車ヘッドランプ用のLEDを供給してきた。そのほかに，日亜化学からライセンス供与されたスタンレー電気も自社のヘッドランプ向けにLEDを生産している。近年は，トヨタ系サプライヤーの豊田合成も自動車ヘッドランプ用のLED光源を初めて開発し，量産車両への搭載を目指している[2]。

　2　豊田合成のニュースリリース2017年7月13日より。

表7.2 ▶ ▶ ▶ 自動車メーカーへの供給マトリクス（2013年実績）

メーカー ＼ 納入先	トヨタ	日産	ホンダ	マツダ	三菱自動車	スズキ	GM	Ford	Chrysler	VW・Audi	BMW	Daimler	Renault	PSA	Hyundai・Kia	その他
Automotive Lighting	○		○				◎	○	○	○	○	○	○	◎		◎
Hella	○	○	○				○	○		◎	○	○	○			○
Valeo-市光工業	◎	◎			○								○		○	○
Varroc							○	○	○		○			○	○	○
小糸製作所	◎	○	○	○	○	○	○	○	○							○
常州星宇車灯	○									○						◎
スタンレー電気	○	○	◎	○	○	○										○
その他	○	○	○	○	○	○	○				○				◎	○

注：◎は納入先から見たメインベンダー，○は同ベンダーを示す（富士キメラ総研推定）。
出所：『2014ワールドワイド自動車部品マーケティング便覧』に基づき筆者作成

7.2.2　日本国内市場の状況

　日本国内の自動車ランプ市場は，室内灯やRCLのサプライヤーを含めると若干数が増えるが，ヘッドランプに限定すると，世界市場でも有力サプライヤーとなっている小糸製作所，スタンレー電気，市光工業の３社に集約される。2018年の日本国内において，トヨタグループの小糸製作所が約55％のシェアで第１位である[3]。次いで，ホンダのメインサプライヤーであるスタンレー電気が約26％のシェアを確保している。国内で約17％のシェアがある市光工業は，かつては日産との強い結びつきを維持していたが，現在はフランスのヴァレオの完全子会社となっている。**表7.3**は，ヘッドランプにおける日本の自動車メーカーとサプライヤーの取引構造を示している（藤本，1998）。自動車ランプ取引において，トヨタと小糸製作所，スタンレー電気とホンダ，市光工業と日産

3　『自動車部品200品目の生産流通調査2018年版』（アイアールシー）より。

という系列関係が指摘されてき
たが，系列以外の取引先に対し
て排他的関係があるわけではな
いことがわかる。自動車メーカー
はすべての車種に搭載するラン
プを系列サプライヤーから調達
しているわけではないが，系列
外サプライヤーは，特殊な車種
や生産台数があまり多くはない
車種向けの調達先として位置づ
けられることが多く，生産台数
が多い車種やグローバル車種な
どについては，系列サプライヤー
から調達する傾向が強かった。

表7.3 ▶▶▶ ヘッドランプの取引構造

組立メーカー	部品メーカー	A	B	C
トヨタ・グループ	トヨタ			
	ダイハツ			
	日野			
その他の自動車メーカー	三菱			
	スズキ			
	本田			
	マツダ			
	いすゞ			
日産グループ	富士（スバル）			
	日産ディーゼル			
	日産			

注：網掛けは1990年現在の取引関係を表す。
出所：藤本（1998）より筆者作成

　小糸製作所の概要については後述するが，他の2社の創業の経緯は以下のとおりである。

　市光工業は，1968年に白光舎工業と市川製作所が合併して誕生した[4]。白光舎は1903年に創業した白蝋ランプの企業であり，鉄道の信号灯，蒸気機関車や戦車の前照灯を生産した。1932年には国産量産車初のダットサン1号車のヘッドランプを納入した。他方，市川製作所は1916年に設立され，ミラーや前照灯を生産した企業であり，日産が取引先として大株主の一員となっていた。1968年の合併の際に，第三者割当増資を行い，日産が筆頭株主になった。また，1972年にはトヨタが出資している。第6章でも述べたように，市光工業は日産グループの一員として事業を展開してきたが，1999年のNRPによる系列見直しによって，資本関係は解消され，現在はフランスの大手サプライヤー，ヴァレオの完全子会社化となった[5]。

4　『日本会社史総覧下巻』より。
5　日本経済新聞2016年11月22日，2017年4月19日。

スタンレー電気は，1920年に北野隆春が創業した北野商会を起源とする[6]。自動車電球を主体とした製造・販売を行っていたが，当時の日本国内の自動車台数は7，8千台であり，輸出に活路を求めた[7]。1933年に株式会社に改組した際に社名をスタンレー電気と変更すると同時に，製造業へと事業を転換した。終戦直後は，電気コンロや電気発酵器などの生活に密着した製品を主体としたが，1955年頃にはヘッドランプやリアランプを取り扱い，自動車電球のトップメーカーの地位を築いた。ホンダとの取引は，1954年の二輪車のドリーム号向けの自動車電球500個の受注から始まった[8]。

7.2.3　小糸製作所の事業展開

1915年，小糸製作所の前身である小糸源六郎商店が開設された。創業者は小糸源六郎であり，当初は鉄道信号灯用フレネルレンズの生産・販売を行っていた[9]。1923年の関東大震災の後の復興景気によって，小糸源六郎商店へのフレネルレンズの注文も増大し，1930年には商店からメーカーへと脱皮して発展していくために，社名を小糸製作所に変更した。

1930年代に入ると，小糸製作所は鉄道信号灯から自動車照明器へと事業を拡大した。軍用側車付二輪車の前照灯や尾灯，三輪トラック用前照灯の納入を経て，四輪車用前照灯の生産を開始した。1936年には，豊田自動織機製作所の自動車部（現在のトヨタ）が初めて生産した量産用乗用車のAA型乗用車の前照灯を納入した。1930年代半ばからの戦時下では，軍用投光器，軍用関係製品，航空機用電装品などの需要の拡大に伴って，工場の新設や中国への進出を実施した。1945年の終戦期には売上のほとんどを失ったが，同年10月には鉄道車両用尾灯などの生産を再開した[10]。自動車照明器については，1946年の日産「ダットサン」用ヘッドランプと標識灯の生産から再開された。

6　『日本会社史総覧上巻』より。
7　『スタンレー電気75年史』（P.6）より。
8　『スタンレー電気75年史』（P.52）より。
9　『小糸製作所100年史』（P.2）より。

　先述したように，日本の自動車用ランプメーカーは，特定自動車メーカーの系列色が強い傾向があった。1972年，トヨタは小糸製作所の株式を600万株取得し，筆頭株主になった。同年，日産も小糸製作所の株式を取得して，トヨタに次ぐ株主となった[11]。小糸製作所にとっては，大手自動車メーカーが主要株主となることによって，経営の安定化を図ることが可能となった。同年の株主総会において，小糸製作所はトヨタから部長クラスの２名を常務取締役として迎えており，人的な連携も強化した。1970年からは，トヨタの協豊会における工数低減活動に参加したり，トヨタに多くの研修生を派遣したり，トヨタ生産方式の導入を進めるなど，トヨタとの緊密な関係を構築していった。

7.2.4　日系ランプメーカー３社の業績推移

　日本国内の自動車ランプ市場は，小糸製作所，スタンレー電気，市光工業の３社によって牽引されてきたといえる。**図7.1**は，３社の連結売上高の推移を示している。1980年代前半までは，３社の売上高は拮抗していた。1978年までは市光工業が，1979年から1982年まではスタンレー電気の売上高が最も高かった。小糸製作所の売上高が２社を上回ったのは1983年であり，それ以降，トップを維持している。市光工業の連結売上高のピークは1992年の約1,246億円であり，それ以降はほぼ横ばいで推移している。他方，小糸製作所とスタンレー電気の２社の売上高は，市光工業よりも高い水準の約2,000億円前後で推移していたが，1990年代後半までは伸び悩んでいた。日本国内の自動車生産台数は1990年度の1,359万台をピークに減少しはじめ，市場の成熟，バブル崩壊後の

10　終戦直後は，GHQの指示によってトラック生産しか許可されず，また，材料や部品の調達も困難であり，自動車産業の将来は明るくはなかった。その代わり，鉄道の復旧需要が高まり，小糸製作所も鉄道関連の売上が増大していった。そのため，1949年１月には，社名を小糸車輛株式会社に変更している。1949年のドッジラインというインフレ抑制政策によって，多数の企業の経営が行き詰まった。小糸車輛も資金繰りの悪化や給料の遅配などによって経営の窮地に陥り，創業者の小糸源六郎の社長辞任，資金の回収，組織の改革，人員の整理などが行われ，社名も株式会社小糸製作所に戻すことになった（『小糸製作所100年史』（P.10）より）。

11　『小糸製作所100年史』（P.23）より。

図7.1 ▶ ▶ ▶ 日系ランプメーカー３社の連結売上高の推移

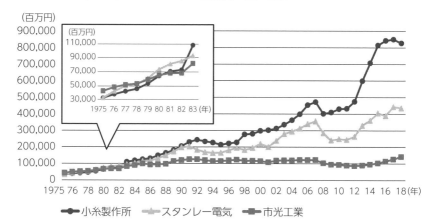

出所：各社の有価証券報告書に基づき筆者作成

景気低迷，円高の進行による輸出の減少，海外生産へのシフトなどが伸び悩みの要因として考えられた。

　国内市場の縮小などによって，サプライヤーもコスト削減や海外生産への対応に取り組む必要があった[12]。1990年代後半からは，小糸製作所とスタンレー電気の売上高は上昇に転じた。2008年のリーマンショックに端を発した世界同時不況によって，自動車生産は全世界で低迷し，その影響を受けて両社とも売上高は減少したが，2010年代に入り，売上高は再び増大した。特に，小糸製作所の売上高の伸びが目覚ましく，2010年度の約4,290億円から2018年度には約8,263億円にまで達するなど，他の２社との差を大きく広げている。

　営業利益の推移についても，1980年代前半までは，３社の差はあまり大きくなく推移していった（**図7.2**）。市光工業の営業利益は，売上高と同様に横ばいかやや下降気味に推移しているが，小糸製作所とスタンレー電気については，1990年代後半から上昇した。特に，スタンレー電気の伸びが大きく，1998年度

12　『小糸製作所100年史』（P.82，83）より。

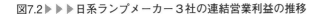

図7.2 ▶ ▶ ▶ 日系ランプメーカー３社の連結営業利益の推移

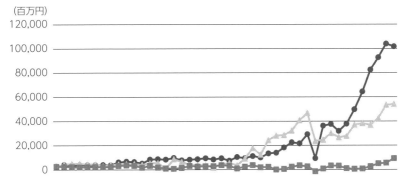

出所：各社の有価証券報告書に基づき筆者作成

の約35億円から2007年度の約466億円へと増大し，小糸製作所との差を広げた。しかし，2008年のリーマンショック後は，小糸製作所がスタンレー電気を逆転した。営業利益が約377億円であった2012年度からは毎年増大しており，2017年度にはついに1,000億円を突破した。

　図7.3は，３社の売上高営業利益率の推移を表している。1970年代半ば，小糸製作所とスタンレー電気は８～10％，市光工業は６％前後であった。しかし，1980年代，1990年代にかけては全体的に下降傾向であった。2000年代に入り，小糸製作所とスタンレー電気の利益率は上昇した。特に，スタンレー電気の伸びが目覚ましく，リーマンショックによる一時的な下落はあったものの高水準で推移している。小糸製作所の利益率は2000年代にかけて５％前後で推移していたが，2010年代に入ると急上昇し，2017年度はスタンレー電気と同じ約12％に達した。一方で，市光工業の利益率は，2000年代に入っても２％前後で推移しており，特に，2003年度と2008年度はマイナスになるなど，他の２社と大きく差が開いた。

図7.3 ▶▶▶日系ランプメーカー3社の連結売上高営業利益率の推移

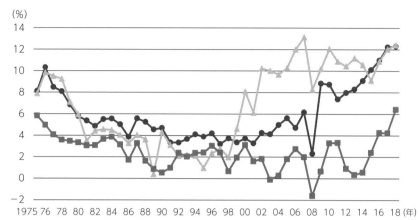

出所：各社の有価証券報告書に基づき筆者作成

7.2.5　自動車用ランプの変遷

　自動車用ランプは時代とともに進化している。形状やデザインはもちろんで
あるが，その光源についても，シールドビーム，ハロゲン，HID，LEDという
ように，より低コストでより明るく照らすものへとシフトしてきた（**表7.4**）。

　■シールドビーム（SB）
　小糸製作所が創業当初に手掛けていた鉄道用照明器や，その後に事業を拡大
した二輪車，三輪車，AA型乗用車などの四輪車向けの前照灯は，その光源と
して白熱電球が使用されていた[13]。この自動車黎明期では，すべてのヘッドラ
ンプは丸形の形状であった。1939年，米国でシールドビーム（SB）型のヘッ
ドランプが開発された。SBとは，「オールグラス製のヘッドランプでレンズと
反射鏡を密封一体化し，ランプ全体が1個の電球の形態」[14]をしているランプ

13　『小糸製作所100年史』（P.184）より。
14　『小糸製作所100年史』（P.184）より。

表7.4 ▶▶▶ヘッドランプ光源の変遷

光　源	オールグラス・シールドビーム（SB）	ハロゲン電球	ディスチャージバルブ（Dバルブ）	LED（発光ダイオード）
時　期	1939〜2006年	1960年〜	1991年〜	2007年〜
形　状				

出所：『小糸製作所100年史』（P.185）に基づき筆者作成。写真は小糸製作所による提供。

である。小糸製作所もオールグラスSBヘッドランプの開発を1951年から開始し，試作・改良を繰り返して1957年に実用化することができた。8年後の1965年には，SBヘッドランプの累積生産量は1,000万個を超えた[15]。1970年代にかけて，SBヘッドランプが小糸製作所の売上を牽引していった。1960年代までの自動車ヘッドランプは丸型のSBが主流であり，どの自動車メーカーのどの車種に搭載するヘッドランプも同じ形状・同じサイズをしていた。すなわち，自動車ヘッドランプは規格が統一された標準品であったといえる。しかし，1970年代からは米国で角型のSBが登場した。自動車のデザインが重視されるようになり，他社との差別化の1つとして異形ヘッドランプが開発された[16]。小糸製作所もその動きを敏感に察知し，1974年には4灯式角型SBを開発し，1976年には米国での認証を得て，翌年には量産をはじめた。さらに，1978年には2灯式角型SBの量産も開始した。

■ハロゲン電球

1970年代に入ると，自動車ヘッドランプの光源はSBからハロゲン電球へとシフトしていった[17]。1960年に欧州で開発された自動車用ハロゲン電球には，「従来の白熱電球に比べ高光度で防眩性能に優れているうえ，自然光に近い，

15　『小糸製作所100年史』（P.18）より。
16　『小糸製作所100年史』（P.30）より。

視認性が良い，寿命が長いなどの特長」[18]があった。小糸製作所は1978年から
ハロゲン電球を外部調達し，ハロゲン電球を組み込んだSBヘッドランプを生
産しはじめた。1982年にはハロゲン電球の内製化に成功し，品質，納期，価格
（コスト）の安定化が図られた[19]。ハロゲン電球の登場によって，異形ヘッドラ
ンプの開発に拍車がかかった。自動車のデザイン性の追求に加えて，自動車の
車体形状に沿ったヘッドランプを開発することによって，空気抵抗を減らし，
燃費を向上させるという狙いもあった。1979年，小糸製作所は日産のスカイラ
イン，トヨタのクラウンに対して異形ヘッドランプを供給した。

　また，小糸製作所は世界に先駆けて，異形ヘッドランプの樹脂化に取り組ん
だ。従来のガラス製の前面レンズと鉄板のリフレクタを樹脂化することによっ
て，自動車の軽量化とデザインの自由度の向上を目指した。そのために，樹脂
材料の開発，樹脂を成形するための金型の開発を進めた。1981年には，レンズ
が樹脂化された異形ヘッドランプをトヨタのカリーナに供給し，1984年にはレ
ンズとリフレクタの両方が樹脂化されたオール樹脂製異形ヘッドランプをトヨ
タのソアラに供給した[20]。

■ディスチャージバルブ

　1980年代からは，ハロゲンヘッドランプが自動車用ヘッドランプの主流と
なっていたが，1990年代に入ると，ガスディスチャージヘッドランプが登場し
た。ハロゲンに比べて，①明るい配光が可能となる，②色合いが昼光色に近く，
見やすくて安全性が高まる，③寿命が延びて，バルブの交換が少なくて済む，
④消費電力が少なく，省エネを実現することができる，という特徴があった[21]。

17　小糸製作所におけるSB生産のピークは1977年度の年間2,120万個であった。その後の生産
　　は激減し，補給品向けの生産を続けていたが，2006年にすべての生産を終了した（『小糸製
　　作所100年史』（P.114）より）。
18　『小糸製作所100年史』（P.30）より。
19　『小糸製作所100年史』（P.42）より。
20　『小糸製作所100年史』（P.52，53）より。
21　『小糸製作所100年史』（P.80）より。

このランプは，ディスチャージバルブ（Dバルブ），バラスト，ランプ光学という構成要素からなっており，Dバルブとバラストのシステムを HID（High Intensity Discharge）と呼ぶ[22]。

　HID ヘッドランプは，1984年にオランダのフィリップスから提案され，1995年にドイツのボッシュが世界で初めて車両に搭載した。HID の開発は欧州で先行していたが，小糸製作所も1986年から研究を開始した。10年後の1996年にバラストを開発し，HID ヘッドランプを日産のテラノ，トヨタのマークⅡに搭載した。この時点では，小糸製作所は Dバルブを海外から調達していたが，2002年に Dバルブの内製化に成功した[23]。

7.3　自動車部品の開発プロセス

7.3.1　トヨタグループの研究開発体制

　自動車の研究開発は，科学的な原理や原則，材料の探求やその属性・性質の究明などサイエンスに近い基礎研究段階と，基礎研究の成果を応用し商品化の可能性を探求し，要素技術の開発を行う先行技術開発段階，実際に市場投入を目指す製品開発段階に分けられる（藤本，2001c）。トヨタにおける研究開発も，「基礎研究開発」，「先行技術開発」，「製品開発」の3つのフェーズを通して，先進的，高品質かつ効率的な研究開発を目指している（**図7.4**）。具体的には，豊田中央研究所が中心となって基礎研究開発が実施され，東富士研究所や社内の先行開発担当部署（先行開発推進部やボデー先行開発部，シャシー先行開発部など）が先行技術開発を担当し，社内の車両開発を担当する部署（ボデー設計部やシャシー設計部など），サプライヤーが最終的な製品開発を担うという

22　自動車メーカー各社は「HID ヘッドランプ」，「キセノンヘッドランプ」，「ディスチャージヘッドランプ」などと呼んでいる。なお，本研究では，HID ヘッドランプと統一して記載する。

23　『小糸製作所100年史』（P.90）より。

図7.4▶▶▶▶トヨタグループの研究・開発体制

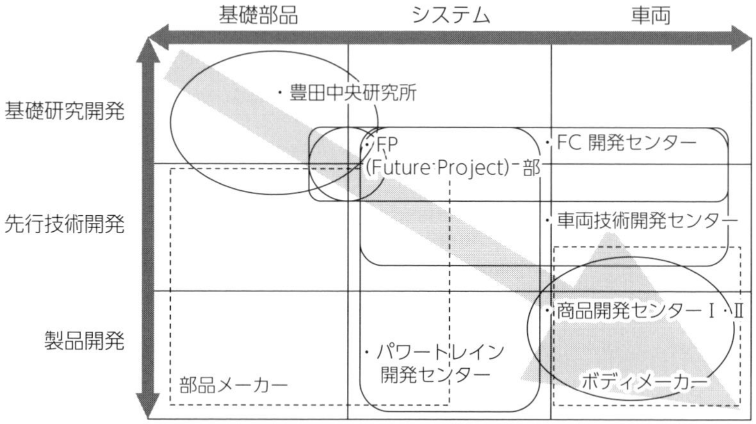

出所：『トヨタ自動車75年史［資料編］』（P.74）に基づき筆者作成

研究開発体制をとっている。

7.3.2　自動車部品の開発フェーズ

　サプライヤーの自動車部品開発のプロセスについても，自動車メーカーと同様に３つのフェーズに沿って実践される。**図7.5**はサプライヤーから見た研究開発の３フェーズを表している。もちろん，製品の特性や取引先である自動車メーカーの特徴によって，そのプロセスは異なることに留意する必要がある。

　個々の部品単位においても，第一フェーズである基礎的な研究開発は実施される。小糸製作所の場合は，社内の研究所が中心となって基礎研究開発を担当している。すなわち，直ちに結果が出るとは限らない未知の領域の課題に対して，中長期的な視野に立って研究開発を行っている。最近の例では，クルムス蛍光体を用いた白色LED（クルムスLED）の開発などが，基礎開発研究の成果として注目されている[24]。

24　小糸製作所のプレスリリース2017年２月20日より。

図7.5 ▶ ▶ ▶ 自動車部品開発の３つのフェーズ

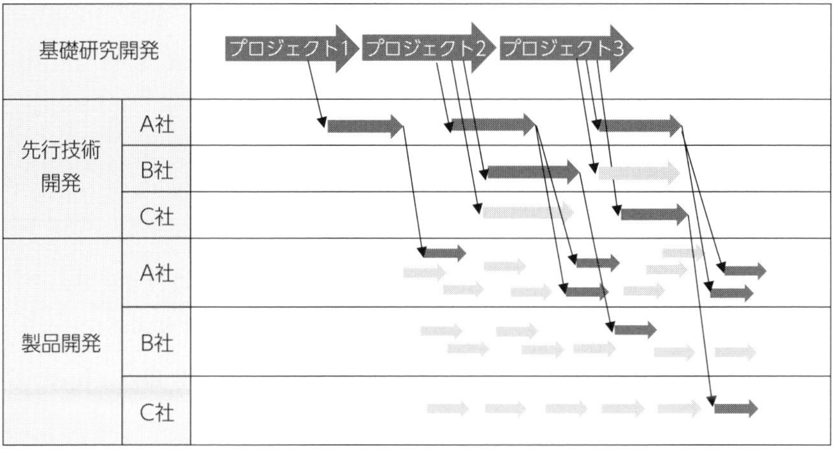

出所：インタビューに基づき筆者作成

　第二フェーズの先行技術開発では，基礎研究開発の中で実用化の目途が立った技術が，より具体的な性能目標やコスト目標が設定された上で，要素技術として確立される。サプライヤーは，自動車メーカーに対して先行技術開発で確立された新しい技術や素材などを提案し，より有利な立場で量産車両の受注を目指す。先行技術開発は，素材メーカーや他の部品メーカー，自動車メーカーとの共同開発として進められることがある。例えば，小糸製作所が基礎研究開発として取り組んだプロジェクト１が，先行技術開発において，自動車メーカーA社との共同開発に発展する。サプライヤーは自動車メーカーと共同開発を行う場合，特定の１社と共同開発を進めることもあれば，守秘義務を守りながら複数の自動車メーカーと同時並行的に先行技術開発を行うこともある。ただし，先行技術開発の時点では，あくまで要素技術の確立や新技術が搭載された自動車部品の実用化が最優先の課題であるために，各自動車メーカーの特定車種に供給することを前提として開発されるわけではない。

　第三フェーズでは，自動車メーカーの特定車種に搭載することを前提として自動車部品の開発が行われる。もちろん，既存技術が中心の製品開発はこの第

三フェーズから開始される。自動車ヘッドランプの場合は，実際の製品開発に入る前に，レイアウト検討が行われる。レイアウト検討とは，最終的な発注先が決定される前に，自動車メーカーが要求する目標性能，目標コストなどの基本的な仕様に沿って，サプライヤーがヘッドランプの基本構成や新技術の搭載可否を検討することである。レイアウト検討の段階で，自動車メーカーは，先行技術開発で確立された新しい技術や素材を，自社の特定車種に搭載するかどうかについて意思決定を行う。レイアウト検討は通常，コンペの中で実施され，最終的な受注が決定したサプライヤーがその後の具体的な製品開発に携わることになる。ただし，先行技術開発で新技術の実用化の目途が立ったとしても，自動車メーカーが抱えるさまざまな事情によって，特定車種に搭載されるとは限らない。例えば，基礎研究開発のプロジェクト2が，先行技術開発を経て，自動車メーカーA社，B社，C社の製品開発へと進展したとしても，C社はコストの問題によって特定車種への搭載を見合わせるかもしれない。

　以上のような先行技術開発から製品開発へとフェーズが進んでいく場合もあれば，小糸製作所主催の技術展示会を通じて，製品開発へと進展していくこともある。小糸製作所では，2年に1回のペースで，新しい技術や生産技術の展示会を，自動車メーカーごとに実施している。このような展示会を通じて，各自動車メーカーの技術部門に対して，小糸製作所が持つさまざまな量産化可能な技術を紹介している。

7.3.3　小糸製作所の研究開発体制

　第三フェーズにおいて，小糸製作所は，2002年4月にプロジェクトマネージャー（PJM）制を導入して，製品開発体制を強化した[25]。「①得意先との窓口を明確にして情報の一元化を図る，②PJチーム活動により問題点の共有化と解決のスピードアップを図る，③開発状況（残存問題，解決状況など）を明確にする」[26]，などを目的として，製品の高機能化，高難度化，開発期間の短縮化

25　『小糸製作所90年史』（P.134）より。
26　『小糸製作所90年史』（P.135）より。

を目指した。従来は，車種ごとの開発体制（車種軸）を採用していたが，それに加えて，得意先別・車種別の責任者であるPJMが，製品開発の初期段階から量産開始までのプロセス全体を管理している。

　後述するように，小糸製作所は世界で初めてLEDヘッドランプを実用化した。それ以外にも，世界初の製品を数多く開発している。例えば，1984年にはオール樹脂製の異形ヘッドランプを開発した[27]。2003年には，世界初でAFS（Adaptive Front-Lighting System）の量産化を実現した。AFSとは，「ハンドルの角度や車の走行速度に応じて，電子制御により，照射方向を左右に自動的に動かす」[28]ものである。小糸製作所は国内外のプロジェクトを通じて研究開発を積み重ねてきた。同年に発売されたトヨタのハリアーの上級グレードに搭載された[29]。2004年に発売されたトヨタのポルテには，小糸製作所が世界初で開発した水銀フリーディスチャージヘッドランプが搭載された。従来，HIDに使用されるDバルブにはわずかに水銀が使われていた。しかし，水銀は環境保護にとって有害な物質であるために，小糸製作所はトヨタ，フィリップス，デンソーとの共同開発に取り組み，自動車用ランプの水銀フリー化が進められた[30]。また，2012年には，ADB（Adaptive Driving Beam）システムの開発に成功し，トヨタのレクサスLSに搭載された。ADBとは，「対向車や前走車などの車両位置に応じて配光パターンを自動で制御する先進のハイビーム可変ヘッドランプシステム」[31]のことである。小糸製作所は2002年からADBの開発をはじめ，2008年からは量産に向けたプロジェクトを進めた。その後，国土交通省の認定を受け，公道での実験を繰り返し，2011年にはADB搭載の認可を得た。世界初のADB搭載はドイツの自動車メーカー，フォルクスワーゲンに譲ったが，国内初の実用化に成功した。

27　『小糸製作所100年史』（P.52）より。
28　『小糸製作所100年史』（P.126）より。
29　『小糸製作所100年史』（P.127）より。
30　『小糸製作所100年史』（P.128）より。
31　『小糸製作所100年史』（P.169）より。

7.4 LEDヘッドランプの開発プロセス

7.4.1 世界初のLEDヘッドランプ開発

　2000年代後半からは，ヘッドランプの光源としてLEDが登場した。LEDには，①省エネルギー，②安全性の向上，③省スペース，④長寿命，⑤デザインの自由度拡大，などの特長がある[32]。小糸製作所では，1988年にLEDのハイマウント・ストップランプを開発し，1999年にはトヨタの電気自動車e-com向けにLEDのRCLを開発した。2001年には，量産車向けRCLとして初めて，日産のスカイラインに供給した。2003年には，富士重工業（現在のSUBARU）のレガシィ向けにLEDリアフォグランプを供給した。当初は消費電力が少なく，明るさが低くても製品化が可能なRCLやフォグランプからLED化を進め，今後のLEDヘッドラ

図7.6▶▶▶LEDヘッドランプ（レクサスLS600h）

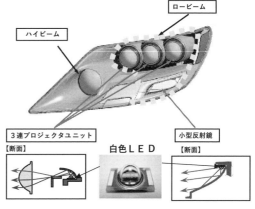

出所：小糸製作所提供

32　『小糸製作所100年史』（P.93）より。

ンプの実用化に向けて，着実にステップを踏んでいった。2007年，小糸製作所が開発した世界初のLEDヘッドランプがトヨタのレクサスLS600hに搭載された（**図7.6**）。ヘッドランプのロービームには，３連プロジェクタに各１個のLEDと，パラボラリフレクタに２個のLEDが搭載された[33]。ロービームの配光性能を満たすためには，合計５個のLEDが必要であった。なお，同ヘッドランプのハイビームにはハロゲン電球が搭載された。

　光源として使用された白色LEDは，日亜化学との共同開発によって実用化されたものである。従来，白色LEDは家電製品や自動車のRCLなどに使用されていたが，自動車ヘッドランプに使用できるまでの高輝度を実現することは困難であった。「LEDから放出される光を最も効率的に利用できる光学制御システムなど両社の技術を融合させることで，世界トップクラスの明るさを実現するLEDヘッドランプの量産化に成功した」[34]。具体的には，発熱対策，劣化対策，消費電力の低減などに取り組んだ。また，従来のハロゲンやHIDを使用したヘッドランプと異なりすぎて，ユーザーが違和感を抱かないための工夫，例えば色温度が高くなりすぎないようにすることにも注力した。開発当初，これらの条件をクリアすることができたLEDメーカーは日亜化学だけだった。

7.4.2　LEDヘッドランプ開発の３フェーズ

　LEDヘッドランプの開発は，以下のような３つのフェーズを経て，製品化にまでたどり着いた。

　第一フェーズでは，2001年に小糸製作所は自社内の研究所が中心となってLEDヘッドランプの基礎研究開発を開始した。翌年には，LEDチップの供給先である日亜化学との共同開発が始まった。家電製品向けに使用される白色LEDは，1990年代半ばから開発されていた。しかし，自動車のヘッドランプとして使用可能なレベルの明るさ，信頼性，耐久性を実現することができるかどうかは未知数であった。

---

[33]　『小糸製作所100年史』（P.138）より。
[34]　『小糸製作所100年史』（P.138）より。

　LEDヘッドランプの実用化の目途が立ちはじめ，基礎研究開発から先行開発に移行する第二フェーズでは，小糸製作所はトヨタとの共同開発を開始した。小糸製作所の技術部とトヨタのボデー設計部の中のライティング計画室が開発の初期段階（先行開発）から，技術的に実現可能かどうか，新しい技術やデザインが法規をクリアしているかなどを検討した[35]。

　先述したように，先行開発の段階では，特定の車種に搭載することを前提とせずに，共同開発が進められたが，先行開発から量産車種の製品開発へと移行する第三フェーズでは，特定車種に搭載されることを前提に開発が進められる。

　2003年，トヨタは海外市場向けの高級車ブランドであるレクサスを日本市場に投入することを決め，レクサス国内営業部を設置した[36]。2005年8月には，日本全国でレクサス店が開業されたが，トヨタはそのレクサスのフラグシップモデルであるLS600hに新しい技術を取り入れたいという考えがあった。元来，トヨタが新しい技術を導入する際に，レクサスブランドなどの上位車種に採用することは珍しいことではなかった。新技術の開発には莫大な開発費用が発生することが多く，その費用を賄う必要があったからである。このような経緯を経て，世界初のLEDヘッドランプは，レクサスLS600hに搭載されることになった。

7.4.3　LEDヘッドランプの持続的開発

　小糸製作所がトヨタのレクサスLS600hにLEDヘッドランプを供給した直後，イタリアのALがオスラム製のLED光源を使用して，ドイツの自動車メーカー，アウディのR8向けのLEDヘッドランプを開発した（Hamm & Huhn, 2009）。その後もLEDヘッドランプは日欧ランプメーカーが中心となって開発競争が繰り広げられた。欧州では依然として高級車向けが中心であったが，小糸製作

35　自動車ランプは，単に新しいものを開発すればよいという製品ではなく，各国の法規に沿って開発される必要がある。レクサスLS600hにLEDヘッドランプを搭載する際も，小糸製作所やトヨタが日米欧の当局に規格の変更を働きかけた（インタビューより）。
36　『トヨタ自動車75年史』（P.443）より。

所は高級車だけでなく，大衆車のヘッドランプのLED化を推進した（菊池，2015）。

　2007年の5灯式LEDヘッドランプに次いで，2009年には3灯式LEDヘッドランプが開発された。従来の5灯式に比べて，消費電力・重量・コストを削減し，高級車だけでなく，一般大衆車への搭載が広がった。具体的には第一世代のLEDよりも発光効率を20％アップさせながら，消費電力を66W/台へと抑えることができた[37]。トヨタのレクサスRX，SAI，レクサスHS，プリウスに搭載された。特に，コンパクトなハイブリッド車であるプリウスへの搭載は同業他社の注目を集めた。一般的に，新技術の採用は最上位の車種から段階的に大衆車へと拡大していくことが多い。しかし，トヨタはLEDヘッドランプをレクサスLSに採用した後，プリウスにも採用することを決断した。すでにハイブリッド車の代名詞となっていたプリウスにLEDヘッドランプを採用することで，トヨタのハイブリッド車＝LEDヘッドランプ＝省電力というイメージを形成する効果をもたらした[38]。このような意思決定は，プリウスのチーフエンジニア（CE）やトヨタの上層部の決断によって実現された。

　小糸製作所は，LEDのさらなる省電力化，軽量化，低コスト化を実現するための開発に取り組んだ。図7.7は，同社のLEDヘッドランプ開発のロードマップを表している。2011年には，光学設計を見直して，配光効率を高めることで，3灯式LEDと同程度の明るさを維持しながら，消費電力を約2割減らすことに成功した2灯式LEDを開発した[39]。2012年に発売されたトヨタのレクサスGSに加えて，プリウスよりも小型のハイブリッド車であるアクア，さらには，軽自動車では初めてとなるダイハツ工業のムーヴカスタム，タントカスタムに搭載された。このように，小糸製作所は自ら開発ペースを緩めることなく2007年に5灯式，2009年に3灯式，2011年に2灯式と，2年ごとに世代交代を促進してきた。世代交代とともに，配光性能の向上，省電力化，軽量化を進

37　『小糸製作所100年史』（P.146）より。
38　LEDヘッドランプはプリウスの上級グレードに搭載された（インタビューより）。
39　『小糸製作所100年史』（P.167）より。

図7.7 ▶ ▶ ▶ LED ヘッドランプのロードマップ

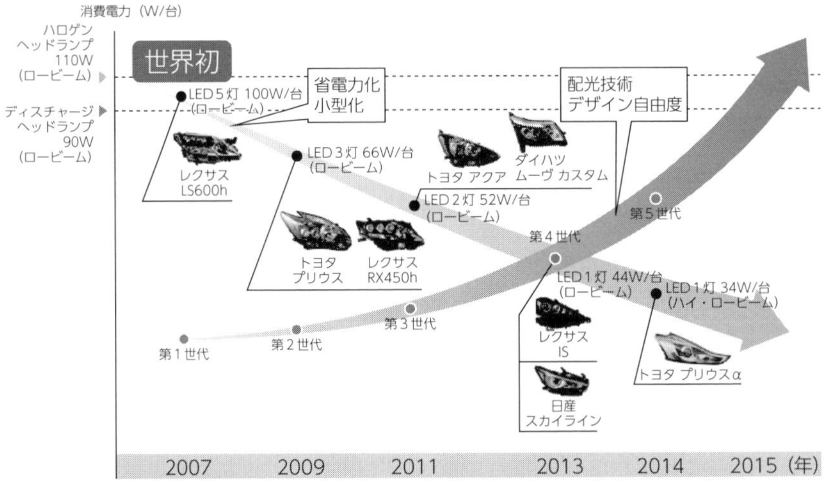

出所：小糸製作所提供

めた結果，LEDヘッドランプを搭載した車両の種類や数は急増し，その量産効果によって，大幅なコスト低減も実現した。さらに，小糸製作所は2013年には1灯式LEDの開発に成功した。「光を再利用する光学系開発や，LEDの放熱性能改善による出射光束向上を追求し，光学効率43％を達成，LED1灯で2灯式LEDヘッドランプ相当の明るさと，ロービームとして世界トップクラスの配光性能を実現し，消費電力は44W/台へと低減させた」[40]。同年に発売されたトヨタのレクサスISやヴィッツ，日産のスカイラインに搭載された。

7.4.4　LEDヘッドランプの海外生産

　自動車ヘッドランプの光源がLEDへと急速にシフトしていくにつれて，小糸製作所はLEDヘッドランプの海外生産を開始した。2013年に米国のNAL[41]で生産されたLEDヘッドランプをホンダのアキュラMDXに搭載したことが，

40　『小糸製作所100年史』（P.167）より。

41　NALとは，小糸製作所の北米子会社であるNorth America Lightingのことである。

初めての海外生産となった[42]。さらに，トヨタの北米向けのカローラに対しても，NALで生産された1灯式LEDヘッドランプ（第4世代）を供給した。小糸製作所はこれまでに，高級車から軽自動車までの多くのメーカーの車種にLEDヘッドランプを供給してきたが，基本的にはオプション扱いか，あるいは各車種の上級グレードに標準搭載してきた。しかし，この北米向けカローラに対しては，上級グレードだけでなく，すべてのグレードに対して標準搭載することになった[43]。標準搭載された理由としては，当時の北米では現代自動車のソナタの人気が高く，競合車種であるカローラの付加価値を高める必要があったからである。ヘッドランプのLED化によって，省電力はもちろん，従来にないデザインを追求することが可能となった[44]。LEDヘッドランプの標準搭載は，これまでのどの車種に対しても行われてこなかった。トヨタのラインナップの中でもそれほど上位車種ではないカローラにLEDヘッドランプを標準搭載することは，トヨタの社内でも大きな決断であったと考えられる。

7.4.5　バイファンクションヘッドランプの開発

　2013年に製品化された第4世代の1灯式LEDは，HIDよりも低価格で生産され，ヘッドランプとしての採用が急拡大した。しかし，ハロゲンに比べるとまだ高コストであるために，LEDヘッドランプのさらなる高性能化と低コスト化に取り組んだ。2014年には，第5世代のLEDヘッドランプとして，LED1灯式バイファンクションヘッドランプを世界で初めて開発した（**図7.8**）。バイファンクションとは，LED1灯のみでハイビームとロービームの切り替えが可能なランプである[45]。明るさを従来比の1.6倍に向上させたことで，1灯でローとハイの両機能を搭載することができた[46]。この第5世代では，部品点数の大幅削減によって，部品の標準性や汎用性が高まり，より低コストでLED

42　『小糸製作所100年史』（P.167）より。
43　『小糸製作所100年史』（P.168）より。
44　トヨタのカローラのチーフエンジニアへのインタビューより（2017年10月10日実施）。
45　『小糸製作所100年史』（P.173）より。
46　日本経済新聞2014年12月8日。

ヘッドランプを生産すること
が可能となった。また，この
開発には，以下のような狙い
があった。

図7.8▶▶▶バイファンクションLED
ヘッドランプの光源ユニット

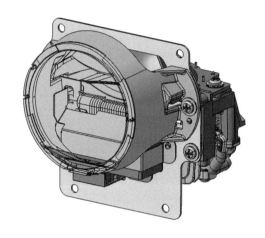

出所：小糸製作所提供

「かつて同じクルマの中で
もハロゲンとディスチャージ
というグレード分けが行われ
たように，LEDヘッドランプ
にもローグレードとハイグ
レードが生まれています。ハ
イグレードになると，車の意
匠に合わせたり，ADBのよ
うな高機能を持たせたりでき
るのですが，これらを標準化していくことができれば，さらにLEDの採用を広
げていけると考えたのです」[47]

バイファンクションヘッドランプはトヨタのプリウスα，アクア，海外向け
車種のハイラックスなどに搭載されることになり，日本，米国，タイに続いて，
2017年からは，中国でも生産されはじめた[48]。

バイファンクションヘッドランプの登場によって，LEDヘッドランプの普
及に拍車がかかったことは，小糸製作所のLEDヘッドランプの生産台数から
も明らかである。**図7.9**は，小糸製作所におけるLEDヘッドランプの生産台数
の推移を表したものである。LEDを5個用いた第1世代の生産を開始した
2007年度の生産台数を1とした場合，2009年度が3，2011年度が5と緩やかに
増大していった。北米カローラ向けに標準搭載された第4世代が登場した2013

47　小糸製作所技術本部の山道龍彦氏のインタビューより（自動車技術会『オートテクノロ
ジー2016』）。

48　『自動車産業レポート』879号（アイアールシー）より。

図7.9 ▶ ▶ ▶LEDヘッドランプの受注台数の推移

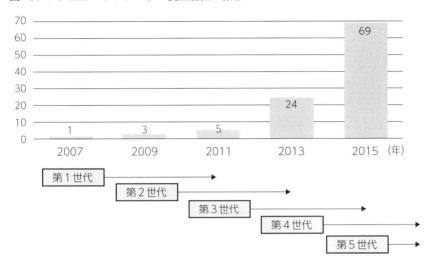

出所：小糸製作所の内部資料に基づき筆者作成

年度には，生産台数が24と大幅に増大した。さらに，１灯でロービームとハイビームの切り替えが可能となったバイファンクションヘッドランプ（第５世代）が開発されたことによって，生産台数も急激に増大した。なお，各年度の生産台数には複数の世代のLEDヘッドランプが混在していることに留意する必要がある。

7.5　サプライヤーの顧客範囲の拡大プロセス

　前述したように，小糸製作所は当初から競合他社を圧倒するほどの成長性や収益性を確保していたわけでなく，長い年月をかけて，それらを向上させてきた。特に，LEDヘッドランプの開発で市場をリードしてからは，特定企業との緊密な連携関係だけでなく，顧客範囲を拡大させることによってその競争力を高めている。本節では，自動車サプライチェーンにおける小糸製作所の顧客範囲の拡大戦略やそのプロセスについて，日本の電機産業において高い収益性

を維持し，成長し続けている村田製作所と比較しながら考察を加える。第4章において，日本の自動車産業と電機産業では，サプライチェーンにおける利益やリスクの分配メカニズムが異なっていることが明らかにされた。それぞれのサプライチェーンにおいて，サプライヤーが顧客範囲を拡大し，成長していくための戦略は異なると考えられる。

7.5.1 村田製作所の顧客範囲の拡大プロセス

(1) 村田製作所の成長性・収益性の推移

村田製作所は，セラミックを素材としてコンデンサや無線用フィルタを製造・販売している電子部品メーカーである。1944年に，創業者である村田昭によって，チタン磁器コンデンサを製造するために設立された（村田，1994）。**図7.10**は，日本の大手電子部品メーカー4社の連結売上高の推移を表している。1985年時点では，TDKが約4,270億円で最も売上規模が大きく，京セラが約2,800億円，村田製作所が約2,050億円，日本電産が約120億円であった。1990年代から2000年代にかけて，村田製作所の売上高は増大しているもののその伸び

図7.10▶▶▶電子部品メーカーの連結売上高の推移

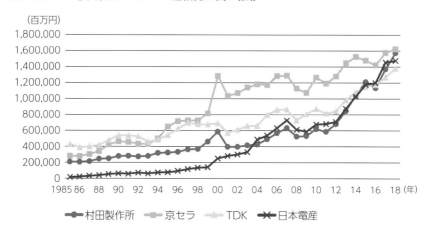

出所：各社の有価証券報告書に基づき筆者作成

は小さく，1994年にTDKを抜いた京セラの半分程度の規模で推移していた。2004年には，M&Aを通じて急成長していた日本電産にも抜かれた。しかし，2010年代半ばから，村田製作所の売上高が急激に拡大し，2014年には日本電産を，2015年にはTDKよりも売上規模が拡大した。2018年では，村田製作所の売上高は1兆5,700億円となり，1兆6,237億円の京セラに迫っている。

　図7.11は，前述した電子部品メーカー4社の連結売上高営業利益率の推移を表している。期間全体における村田製作所の平均利益率は16.28%であり，京セラの10.14%，TDKの8.05%，日本電産の8.80%よりも高い。1985年から2007年までは村田製作所の利益率が他社よりも高く推移しており，2001年のITバブル崩壊においても，12.92%の利益率を維持していた。しかし，2008年のリーマンショックでは，受注の激減によって利益率も−3.11%となり，1974年のオイルショック後の不況以来の赤字となった。2012年までは他社よりも低い水準で利益率が推移していたが，2013年からは再び利益率が上昇し，2015年には利益率が22%を超えた。2018年でも16.94%となっており，他の3社を圧倒している。

図7.11▶▶▶電子部品メーカーの連結売上高営業利益率の推移

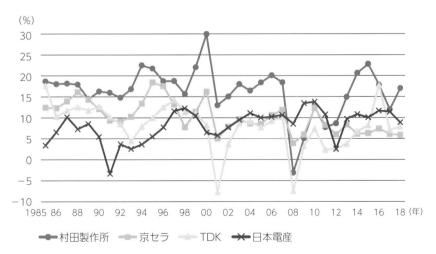

出所：各社の有価証券報告書に基づき筆者作成

また，利益率の標準偏差については，村田製作所が5.73，京セラが3.75，TDKが5.43，日本電産が3.69となっており，変動係数については，村田製作所が35.22%，京セラが36.95%，TDKが67.48%，日本電産が45.24%であった。村田製作所の利益率は平均の約35%の幅で変動しており，他の3社よりも安定していることがわかる。このように，村田製作所の利益率は総じて安定的かつ高水準で推移しており，同社の収益性が高く維持されていることを示している。

(2)　村田製作所の標準化戦略

　村田製作所のセラミックの電気的特性を活用した電子部品は，戦時中は電波機器に，戦後はラジオや通信機に用いられた（村田，1994）。その後は，「テレビ，VTR等の映像機器，コンピュータ，携帯電話，コードレス電話等の情報通信機器のほか，家電製品，自動車，カメラ，オーディオ機器等の電子工業製品に幅広く使用されている」（泉谷，2001）。近年では，携帯電話やスマートフォン，電気自動車にも数多くの電子部品が使用されているが，村田製作所は，セラミックコンデンサやセラミック発振子，ショックセンサーなど，世界シェアトップの独自製品を数多く抱えている[49]。

　電機産業は好不況の波が大きく，その需要は大きく変動する。消費者の耐久消費財に対する購買行動や企業の設備投資は景況に大きく影響を受けるからである。「電子部品も部品不足の時には顧客からの過剰発注で実需以上の納品を求められ，逆に需要の低迷期には顧客の在庫調整で極端に受注が減少する非常に振幅が大きい業界である」（泉谷，2001）。また，電子部品は製品仕様も頻繁に変更されるために，製品の陳腐化が起こりやすい。このような経営リスクに対処するために，変化する市場や技術に対応できる柔軟な生産活動，市場の動向の見通しに対する先見性，製品や製法の共通化，生産期間の短縮，市場を見通した在庫政策が，電子部品メーカーには求められる（泉谷，2001）。一方で，電子機器は，価格の低下によって大幅な需要の拡大が見込まれる製品であり，

49　日経ビジネス2019年6月3日号。

電子部品に対しても顧客からの継続的な部品価格の引き下げが求められる。「その価格引き下げに耐えられるコスト競争力が企業存亡のカギとなる非常に厳しい業界である」（泉谷，2001）。

　生産財メーカーの取引戦略として，顧客適応戦略と標準化戦略の2つがあるが（高嶋，1998），村田製作所は標準化戦略を通じて，経営リスクへの対応力やコスト競争力を向上させてきたといえる。自社が独自に決めた標準仕様の製品開発や大量生産，大量一括配送によって，規模の経済を追求することが可能となる。村田製作所の標準化戦略へのこだわりは，同社の経営理念にその原点を見出すことができる。1954年，創業者が経営の基本方針を明確にするために，以下のような社是を制定した。この社是は，創業者自身の体験や父親からの教えに基づいているという（村田，1994）。創業者は村田製作所を創業する前に，家業の製陶所を手伝いはじめた。新しい得意先を開拓しようとしたが，「注文を多く取ろうとすれば，同業他社の得意先へ行くことになり，同業者より安くしないと注文はもらえない。それでは同業者も困るし，自分も儲からない」と父親に叱られた経験があったという。創業者は，当時まだ同業者がやっていないこととして，セラミックの可能性に注目した。このように，独自の製品の開発に取り組む姿勢は，現在まで継承されているといえよう[50]。

社　是

技術を錬磨し科学的管理を実践し

独自の製品を供給して文化の発展に寄与することにより

会社の発展と協力者の共栄をはかり

これをよろこび感謝する人びととともに運営する

出所：村田（1994）。

---

[50]　創業35周年の1979年には，社是の一部分である「文化の発展に寄与することにより」を「文化の発展に貢献し　信用の蓄積につとめ」に修正した（村田，1994）。

7.5.2 小糸製作所の顧客範囲の拡大プロセス

(1) 小糸製作所の顧客範囲の拡大

　先述したように，小糸製作所は幅広い顧客と取引を実施しているが，その取引内容の濃淡は多様であった。しかし，LEDヘッドランプの開発で市場をリードしてからは，従来は生産数量の少ない車種に部品を供給していた自動車メーカーからも，グローバル車種などの主力車種の部品を受注するようになった。例えば，日産のメインサプライヤーは市光工業から小糸製作所へとシフトしている。**図7.12**は，日産における日本国内の自動車ヘッドランプの調達シェアを表している。

　1996年では，市光工業が69％，小糸製作所が31％であったが，2008年に小糸製作所のシェアが上回り，2018年では小糸製作所が54.7％，市光工業が41.2％となっている。また，海外市場では，小糸製作所は日産が英国で生産しているキャッシュカイという小型SUVのヘッドランプを受注した。さらに，キャッシュカイとプラットフォームを共通化している日産のグローバル車種エクストレイルのヘッドランプを受注した。これらは，小糸製作所の海外での売上高を

図7.12▶▶▶日産のヘッドランプの調達シェア（国内）

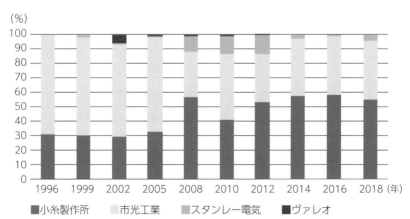

出所：『自動車部品200品目の生産流通調査』（各年度版）に基づき筆者作成

飛躍的に向上させた。一方，ホンダにおける日本国内の自動車ヘッドランプの調達シェアについては，スタンレー電気が約8割，小糸製作所が約2割であり，その割合は1990年代半ばから現在まで大きく変化していない[51]。小糸製作所は，北米向けの高級車アキュラなどのヘッドランプを供給していたが，2016年には，ホンダのグローバル車種であるシビックのヘッドランプを初めて受注し，生産・供給をはじめた[52]。

　小糸製作所は，海外の自動車メーカーに対しても顧客範囲を拡大させている。特に同社の欧州事業を見ればその実態がよくわかる。**図7.13**は，小糸製作所における地域別の売上高営業利益率の推移を表している。

　全体的に右肩上がりで推移しているが，欧州事業については，その変動が他地域に比べて極端に激しい。小糸製作所は2001年にチェコ工場を新設し，欧州における生産能力を増大させ，ルノーのツインゴやランドローバー向けのヘッ

図7.13▶▶▶小糸製作所の地域別売上高営業利益率

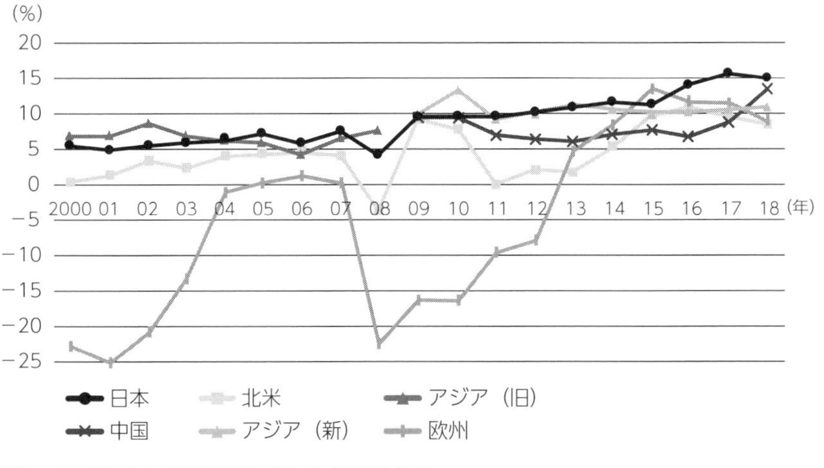

出所：小糸製作所の有価証券報告書に基づき筆者作成

51　『自動車部品200品目の生産流通調査』（各年度版）より。
52　日刊自動車新聞2016年1月6日。

ドランプの供給を開始した[53]。また，ドイツなどの現地の自動車メーカーからの受注も増やしていった。しかし，現地の競合他社との競争は激しく，利益率は安定しなかった。2000年代半ばには収益性は回復傾向にあったものの，2008年のリーマンショックに直面して再び悪化した。後述するように，小糸製作所は顧客適応戦略によってその顧客範囲を拡大させているといえるが，そのためには，顧客の製品開発や生産・流通などのプロセスを深く理解する必要がある。自動車メーカーがサプライヤーに要求する内容やその程度を把握して初めて，十分な顧客適応が可能となるからである。一般的に，これまでにあまり取引機会がなかった相手や取引頻度が少ない相手の取引プロセスを理解するためには，時間やコストがかかる。したがって，サプライヤーが顧客適応戦略に基づいて顧客範囲を拡大させる場合は，顧客を拡大するタイミングやプロセスがより重要となると考えられる。2010年代に入り，小糸製作所は欧州の日系自動車メーカーからの受注を増やしていくことによって，収益性を向上させた。特に，2013年頃から，トヨタのヤリス，アイゴ，日産のキャッシュカイに対するヘッドランプの供給は，利益率の上昇に大いに貢献した。ただし，日系自動車メーカーの欧州市場におけるシェアは限られており，サプライヤーが同市場でさらに売上を伸ばすためには，現地の自動車メーカーに顧客範囲を拡大させる必要があった。小糸製作所は，近年は欧州自動車メーカーの中でも，日系自動車メーカーとアライアンスを組んでいるメーカー，例えば，日産の提携先であるルノー，チェコでトヨタと合弁事業を展開しているプジョー・シトロエン（PSA）などからの受注を増やしている。基本的に，顧客適応戦略に基づいて顧客範囲を拡大させるためには，全く新規の顧客よりも，現在の顧客と何らかの関係性がある取引先のほうが，製品開発や生産プロセスの情報を入手しやすいと考えられる。現在は，アライアンスを組んでいる自動車メーカー同士が車両のプラットフォームや部品を共通化することは珍しいことではないからである。

53　小糸製作所アニュアルレポート2004より。

⑵　小糸製作所の顧客適応戦略

　小糸製作所が顧客範囲を拡大させた要因の1つは，LEDヘッドランプの開発や量産で市場をリードしたことである。元来，自動車ヘッドランプは業界標準が定まった部品であった。1939年に米国で開発されたSBは大きさや形状の規格が統一されていた。しかし，1970年代に登場した角型SBやハロゲンによって，異形ヘッドランプが普及した。デザインが重視され，空気抵抗の軽減による燃費の向上を目指して，ヘッドランプは自動車メーカーや車種ごとにカスタム化されるようになった。LEDヘッドランプの登場は，デザインの自由度の増大などによって，ヘッドランプのさらなるカスタム化をもたらした。ヘッドランプのデザインは，基本的には自動車メーカーが考案するが，近年はサプライヤーがデザインを提案することも増えているという。

　小糸製作所は，3段階の開発フェーズを通じて，顧客適応戦略を展開した。具体的には，第一フェーズにおいて，光源メーカーである日亜化学とともに，自動車ヘッドランプに使用するためのLEDチップを開発した。自動車メーカーからの多様な要求に応えるために，サプライヤーは最先端の技術を蓄積する必要があった。次いで第二フェーズでは，自動車メーカーとの先行開発を通じて，レンズも含めたLEDユニットの実現可能性や法規の問題などを検討している。特定車種に搭載することを念頭に置いた第三フェーズの製品開発では，車種ごとにヘッドランプの配向性能やデザインなどの基本的な設計が実施されている。

　一般的に，サプライヤーが顧客範囲を拡大させるためには，顧客適応戦略よりも標準化戦略のほうが適していると考えられる。特定顧客に依存せずに，サプライヤー独自の標準化された製品を，幅広い顧客に供給することができるからである。他方，顧客のニーズに応えるための顧客適応戦略は，顧客範囲を拡大すればするほど，顧客ごとに緊密な連携関係を構築する必要があり，関係の構築や維持に対するコストもより多くかかる恐れがある。

⑶　持続的イノベーションに基づく顧客範囲の拡大

　小糸製作所は2007年に世界初のLEDヘッドランプを開発してから，約2年

ごとにLEDヘッドランプのイノベーションを起こし続けた。このような持続的なイノベーションが，顧客適応戦略に基づく顧客範囲の拡大には不可欠であると考える。

第一に，間髪を入れず，連続したイノベーションによって新商品を開発し続けることは，競合他社によるキャッチアップを防ぐことができる。競合他社が技術的に追い付く前に，小糸製作所はさらに引き離すことができる。実際に，2007年から数年間は，LED＝小糸製作所というイメージが自動車ランプ市場において形成されたという。

第二に，持続的なイノベーションによって，自動車メーカーに対して新しい部品を採用しやすい状況を作り出すことができる。自動車ヘッドランプはカスタム部品である。特に，ハロゲンやHIDからLEDへのシフトという世代交代を促すような新技術が登場するタイミングでは，自動車メーカーはすでに競合他社の製品に取り入れられた技術を追随して採用するよりも，持続的なイノベーションによって実現された新技術を提案されるほうが，デザイン面や機能面などにおいて他社との差別化を実現することができるからである。

第三に，持続的にイノベーションを起こす中で，サプライヤーは付加価値を高めることができる。加護野（2014）は，顧客価値を高める戦略として，コスト・パフォーマンス・パラダイム（Cost Performance Paradigm：CPP）から顧客価値パラダイム（Customer Value Paradigm：CVP）へのシフトを提唱している。CPPとは，性能を上げながら，価格を下げるという戦略である。しかし，性能を上げ続けたとしても，顧客にとってあまり意味のない性能差であるかもしれないし，価格の低下もいつかは限界に達する。他方，CVPとは，低価格ではなく高価格を志向するパラダイムであり，価格の上昇分を正当化するだけの価値を顧客に提供することが不可欠である（加護野，2014）。自動車ヘッドランプにおける付加価値とは，高い視認性や耐久性，優れたデザイン性などである。小糸製作所は，持続的にイノベーションを起こすことによって，これらの価値を創出することが可能となった。LEDはハロゲンなどの既存技術に比べて価格は高いが，LEDならではの付加価値が自動車メーカーや最終

消費者に認識されていった。小糸製作所は，LEDヘッドランプを5灯，3灯，2灯，1灯，さらにはバイファンクションとバージョンアップを繰り返す中で，自社内での部品の標準化や共通化を進めることが可能となり，その分のコストを下げることができた。自社内での標準化や共通化を進めることによって，顧客範囲の拡大に伴うコストを抑えるというマスカスタマイゼーション戦略を実践している。

第 | 8 | 章

サプライチェーンの
シェアリングモデル

　本書では，サプライチェーンにおける企業間協働のあり方について考察した。サプライチェーンの研究は，狭義の経営学や商学，経営工学などの学問分野に分断される傾向があったが，それらの学問分野の垣根を越えた議論を展開するために，企業間協働における付加価値の創造と分配という包括的な研究テーマについて検討を行った。その理由として，取引コストだけでなく取引利益にも注目する必要があること，それに付随して，付加価値の奪い合いから付加価値の拡大と分配へと議論の焦点をシフトさせる必要があることが，いずれの学問分野においても，本質的な研究テーマであったからである。

　第4章では，日本の自動車産業と電機産業を研究対象として，サプライチェーン全体の利益拡大やリスク削減，サプライチェーンを構成する企業間における利益やリスクの分配について，どのようなメカニズムが存在しているのかという問いについて明らかにした。1980年代から1990年代にかけて，日本の自動車産業と電機産業では，アセンブラーとサプライヤーとの間における利益・リスク分配の異なるメカニズムが存在することが確認された。

　第5章では，日本の自動車産業の中でも，トヨタグループと日産グループでは，自動車メーカーと系列サプライヤーとの間における利益やリスクの分配に異なる特徴が見られた。特に，トヨタグループにおける利益・リスク分配メカニズムの有効性を確認することができた。

　第6章では，系列サプライヤーを含むサプライチェーンのマネジメントに苦慮していた日産が，2000年前後にサプライヤーとの関係を大幅に見直し，一部を除いて，サプライヤーに対してよりシビアでドライな利益・リスク分配を実施するようになったことを明らかにした。

　また，従来のサプライチェーン研究は，買い手の視点に立った議論が多かったが，本書では売り手であるサプライヤーがサプライチェーン全体の利益拡大やリスク削減に与える影響について，第7章においてトヨタグループの小糸製作所の顧客範囲の拡大プロセスを中心として検討した。

　本章では，これらの発見事実が持つ理論的な意味について考察するとともに，最後に残された課題を提示する。

8.1　電機産業のバーゲニングモデル

　第4章では，サプライチェーンにおける取引企業間の利益やリスク分配について，日本の自動車産業と電機産業の比較を行った。日本の電機産業では，基本的にサプライヤーである電子部品産業のほうがアセンブラーよりも獲得する付加価値や利益は大きいが，その変動は激しく，また，在庫などのリスクも多く負担していた。同産業における分配メカニズムは，取引企業間において，一方の企業が他方の企業の取引に伴うリスクを吸収することはない。基本的にはそれぞれの企業がサプライチェーン全体の利益を考慮することなく，自社の利益の確保や，取引のリスクの負担の回避を目指す。

　日本の電機産業のアセンブラーとサプライヤーの間における利益やリスクの分配メカニズムは，米国の経営学者，M. E. ポーターの競争戦略論の考え方に通じるものがある。Porter（1980）は，産業や企業の競争環境に影響を与える要素として，競合企業間の敵対関係，新規参入の脅威，代替製品の脅威，買い手の交渉力，供給業者の交渉力という「5つの力（Five Forces）」を提示している。**図8.1**は，自社を取り巻く5つの力を示している。前者の3つは，市場の中での利益の取り分に影響を与える（青島・加藤，2012）。自らの製品や

図8.1▶▶▶ポーターの５つの競争要因

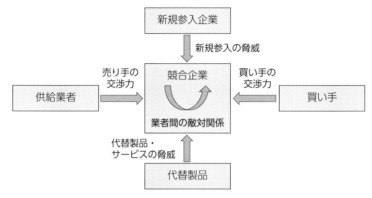

出所：Porter（1980）に基づき筆者作成

サービスを最終消費者に選択してもらうために，自社はこれら３つの力と利益をめぐる競争を行っている。他方，後者の２つは，自社の直接的な競争相手ではなく，取引を通じて協力する相手であるが，取引価格の調整や在庫の分担などを通じて，市場の中で得た利益の取り分をめぐって競争する相手でもある（青島・加藤，2012）。Porter（1980）は，買い手や供給業者の交渉力が高ければ，自社の利益の取り分が小さくなるので，それらを自社にとっての脅威とみなす。逆に自社の交渉力を高めたり，相手の交渉力を弱めたりすることによって，自社の利益の取り分が大きくなる。Porter（1980）は，供給業者の交渉力を弱める方法として，①仕入先の分散化，②仕入先変更コストをなくす，③別の仕入先の体質向上を助ける，④標準化の促進，⑤仕入先統合の可能性を示す，⑥部分的な統合の推進という手法を提示している。

　買い手の交渉力を弱める方法としては，第７章で概観した村田製作所の標準化戦略がこれに該当する。すなわち，売り手は，自社独自の仕様に基づく製品を開発することによって，世界トップシェアの製品を数多く抱えることである。買い手が自社の製品に頼らざるを得ない状況を作り出すことによって，需要の大きな変動や製品の陳腐化，買い手からの価格引き下げ要求に対する耐性を強くするのである。実際に，2001年における電子部品の供給過剰による不況，い

わゆるIT不況の際でも，村田製作所が受けた影響は相対的に小さいものであった[1]。独自技術や圧倒的に高い市場シェアに基づいて，自社にとって有利な契約を締結していたからである。村田製作所は，その強い交渉力によって，特定商品向けの専用部品のみならず，汎用部品についても顧客企業が引き取るという契約を結んでいた。取引のリスクが大きいと予想される場合は，このように事前に契約を締結することが，そのリスク負担を避ける手段にもなる。

　日本の電機産業では，自社の交渉力を高めることによって，利益の獲得やリスクの負担で自社が不利にならない状況をつくることが重要となる。サプライチェーンを構成するそれぞれの企業は，自社がサプライチェーン全体の主導権を握ろうとする。その主導権を握った企業が自社にとって都合のよいサプライチェーンを構築しようとする。そのためには，他社に対する交渉力を高めることが重要となる。本書では，電機産業における利益・リスク分配メカニズムをバーゲニングモデルと称する。バーゲニングモデルとは，「サプライチェーンにおいて，自社の交渉力（バーゲニングパワー）を高めることによって，自社が獲得する利益の最大化や，自社が負担するリスクの最小化を目指すための利益・リスクの分配メカニズム」を意味する。バーゲニングモデルでは，基本的に交渉力の強い企業の論理が優先される傾向がある。ただし，その交渉力が，歯止めが利かない程度に濫用されると，サプライチェーン全体の機能が損なわれる恐れがある。SCM導入の目的は，サプライチェーンを構成するすべての企業がメリットを得る，いわゆるWin-Win関係を構築することである。しかし，バーゲニングモデルに基づくサプライチェーンでは，交渉力の強い企業が2回勝つ（Win-Win）ことを意味すると揶揄されたことがあった（加護野，2009）。一方の企業ばかりがメリットを得て，他方がメリットを得られないとすると，そのサプライチェーンは万全には機能しない可能性がある。本来であれば，交渉力の強い企業と弱い企業は，互いに情報共有することによってサプライチェーン全体の付加価値や利益を拡大したり，リスクを削減したりすることが

1　週刊ダイヤモンド2001年11月17日号。

できたとしても，交渉力の弱い企業は強い企業を警戒して，その情報共有を拒んだり，情報共有の程度を弱めたりするかもしれない。それにより，サプライチェーン全体の最適化を実現することが困難となり，交渉力の強い企業も，回り回って少なからず損失やリスクを負担することになる。

　また，サプライチェーンを通じてメリットが得られない企業は，そのサプライチェーンから脱退する可能性がある。あるいは，自らは望んでいなくても，脱退せざるを得ない状況に陥るかもしれない。ただし，脱退した企業の代替先が確保されていれば，バーゲニングモデルは成立する。しかし，もし代替先がなければ，交渉力の強い企業の事業活動も継続することが困難になる。実際に，バーゲニングモデルのサプライチェーンにおいて，取引企業の代替先が確保されていなかった事例がある[2]。本書で取り上げた日本の電機産業以外に，欧州の自動車産業でもどちらかというとバーゲニングモデルのサプライチェーンが形成されている（下野，2007；2008；2011）。2008年のリーマンショックの後，欧州市場の縮小，需要の減退，西欧諸国のコスト増大などによって，高い技術力を保有していながら，資金繰りに苦慮している欧州サプライヤーは少なくなかった。欧州の自動車産業では，日本の系列関係のように，自動車メーカーとサプライヤーの間には，資本的および人的なつながりはほとんどないが，技術的なつながりは存在している。欧州自動車メーカーはそれぞれ独自の技術を持っており，その技術に基づく部品を提供することができるサプライヤーの数は限られていた。部品の先行開発に参加するサプライヤーも限られていることが多かった。その一方で，部品価格の交渉においては，欧州自動車メーカーはサプライヤーに対して，自社の強い交渉力を背景として，価格引き下げ要求を強く求める傾向がある。リーマンショック後の状況において，自動車メーカーからの強い値下げ要求に耐えられなくなったサプライヤーは倒産するしかなかった。しかし，取引先が倒産しても，技術的なつながりのためにその代替先は容易に探索することができない。欧州の自動車メーカーは破産管財人を通じ

2　この事例は，トヨタ系サプライヤーの欧州事業担当者からのインタビューに基づいている（2015年2月11日実施）。

て，倒産したサプライヤーに対して資金的なサポートを行い，部品供給を継続させたという。

　バーゲニングモデルに基づくサプライチェーンにおいて，自社の交渉力を高めることによって，自社の利益の最大化やリスクの最小化を目指すことが重要となる。しかし，その交渉力を濫用すると，サプライチェーンが機能不全を起こしたり，取引先が淘汰されたりする恐れがある。サプライチェーンに存在するプレーヤーの数が減少すると，取引が特定の企業に集中することになり，かえって，その特定企業の交渉力が増す恐れがある。取り扱う部品が汎用品であっても，取引の代替先は無限に存在するわけではない。バーゲニングモデルのサプライチェーンでは，取引の代替先の確保が重要となる。もし，その代替先がなければ，自ら育成することも視野に入れる必要がある。

8.2　自動車産業のシェアリングモデル

　日本の電機産業のバーゲニングモデルに対して，日本の自動車産業では，シェアリングモデルと称する利益やリスクの分配メカニズムが展開されている。シェアリングモデルとは，「サプライチェーンを構成する取引企業間において，協働による利益や取引に伴うリスクを互いに分配（シェアリング）することによって，サプライチェーン全体の利益の拡大やリスクの削減（全体最適化）を目指すという利益・リスクの分配メカニズム」である。第４章において，日本の自動車産業は電機産業に比べて，サプライチェーンに内在する在庫の絶対量が抑制されていた。アセンブラーである自動車メーカーとサプライヤーの所有する在庫の分担については，サプライヤーの在庫の変動が低く抑えられていたが，基本的には両者に大きな差は見られず，双方による分担が行われていた。また，付加価値や利益の分配についても，サプライヤーのほうが安定して獲得していたが，両者の利益率は同程度で推移しており，電機産業に比べて獲得した利益の差は大きくなかった。

　今回の分析でも，Asanuma and Kikutani（1992）や岡室（1995）において

指摘されたように，アセンブラーである自動車メーカーがサプライヤーのリスクの一部分を吸収していることが明らかにされた。確かに，継続的取引を前提としたサプライチェーンでは，リスクに弱い企業に負担が集中しないようにする必要がある。力関係でリスクを押し付けあえば，交渉力の弱い企業にしわ寄せが及び，協働関係を維持することができず，最終的にリスクを押し付けた企業も，協働によって得られるはずであった利益を獲得することが不可能となるからである。

　しかし，Asanuma and Kikutani（1992）では，自動車メーカーは同じように生産コストの変動リスクの吸収を行っていると指摘されたが，第5章で明らかとなったように，トヨタグループと日産グループでは，異なった利益・リスク分配メカニズムが存在していた。日産グループのように，大部分のリスクを自動車メーカーが負担するような分配では，サプライヤーが緊張感や危機感を覚えることはあまりなく，自動車メーカーとサプライヤーの間に甘えの構造が生じ，サプライヤーに対する協働や経営努力のインセンティブが機能しない。また，自動車メーカーも，安定した経営環境であれば，サプライヤーとの関係を維持することができようが，不況期や競争の激化など，厳しい経営環境が続けば，リスクを一方的に負担し続けることは困難となり，リスク吸収へのインセンティブも働かなくなる。

　他方，トヨタグループでは在庫をリスク化させないなど，リスクそのものの発生を抑制していた。また，トヨタのリスク負担割合が相対的に大きいが，サプライヤーもある程度のリスクを負担している傾向が見られた。サプライヤーも，同程度の在庫負担やある程度の需要の変動リスクの負担を行うことによって，リスク削減や経営努力に対するインセンティブを働かせることになる。自動車メーカーに対しても，一方的にリスクを負担し続けるのではなく，より高いリスクプレミアムを得ることによって，リスク吸収のインセンティブを与えることになる。このようなインセンティブを機能させる利益・リスク分配のメカニズムは，サプライチェーン全体の利益拡大，リスク削減を同時に実現することにも通じる。SCMの導入によるWin-Win関係の実現は，サプライチェー

ン全体の利益拡大・リスク削減と，それらの適切な分配を同時に考慮すること
が求められる。

8.3　シェアリングモデルが有効に機能する条件

　トヨタグループと日産グループにおける1990年代までの利益・リスク分配メ
カニズムを比較する限り，トヨタグループのほうが，サプライチェーン全体の
リスクの抑制や取引先に対するインセンティブの付与の面で長けていたといえ
る。本節では，サプライチェーンのシェアリングモデルが有効に機能する条件
について，買い手である自動車メーカー側と売り手であるサプライヤー側の両
方の視点から考察し，それらの理論的意味について検討する。

　第6章において，日産は系列サプライヤーとの関係を，よりシビアでドライ
な関係へとシフトさせたことを明らかにした。これは同社のサプライチェーン
を部分的ではあるが，バーゲニングモデルに基づく利益やリスクの分配へとシ
フトさせたといえる。日産は，競争力のあるサプライヤーに対して量をまとめ
て発注したり，よりグローバルなレベルの購買方針に基づいて，サプライヤー
に対する競争圧力を高めたりすることによって，同社の交渉力を高め，自社に
とって有利な利益・リスク分配を行うことを目指した。その一方で，カルソ
ニックカンセイなどの特定のサプライヤーに対しては，日産との垂直統合を進
めるなど，より一体的な経営へと舵を切った。しかし，旧日産系サプライヤー
の中で，最もその成長性や収益性を向上させたのは，日産からの出資比率20％
という“つかず離れず”の微妙なバランスを，結果として維持した鬼怒川ゴム
工業であった。

　トヨタグループのサプライチェーンにおいても，トヨタは多くの系列サプラ
イヤーとの間で，“つかず離れず”の微妙なバランスを維持している。シェア
リングモデルに基づくサプライチェーンでは，この微妙なバランスを維持する
ことが重要となる。もちろん，取引先に対して20％前後の出資をすればよいと
いう単純な議論ではない。サプライチェーン全体の利益拡大やリスク削減のた

めに互いに協力しながら，自社の利益拡大やリスク削減にも注力しようとするインセンティブが働くような距離感を保つことである。自動車メーカーはより大きいリスクを負担する一方で，リスクプレミアムを獲得する。また，サプライヤーは完全に自動車メーカーの庇護の下にあるのではなく，応分のリスクを負担しながら，自らの技術や能力を高めようとするインセンティブが自動車メーカーによって付与される。

　微妙なバランスに基づくサプライチェーンのガバナンス機能は，自動車メーカーがサプライヤーに対してさまざまなインセンティブを付与する。浅沼(1997)は，自動車メーカーとの企業間取引を通じて，サプライヤーは貸与図メーカーから承認図メーカーへ成長・進化を目指すと指摘した。すなわち，サプライヤーが自ら関係的技能の革新を促すメカニズムが有効に機能するシェアリングモデルには組み込まれている。ただし，浅沼(1997)の関係的技能は，自動車メーカーと一次サプライヤーという1段階の関係のみの生産や開発に関する技能を対象としていた。また，単に貸与図メーカーから承認図メーカーへの成長や進化だけがゴールではなく，実際の承認図メーカーは多様である。承認図メーカーへと進化しても，さらにその次のステージへと成長を目指すサプライヤーが存在する。

　第7章における小糸製作所の顧客範囲の拡大プロセスを概観することによって，サプライヤーには関係的技能以外の技術や能力も高めようとするインセンティブが働いていることが確認された。

　第一に，サプライヤーのサプライヤー，つまり，自動車メーカーから見れば二次サプライヤーを適切にマネジメントする能力である。小糸製作所は自身のサプライヤーである日亜化学との共同開発によって，自動車ヘッドランプ用のLEDチップの開発に成功した。自動車メーカーが一次サプライヤーの協力なしではサプライチェーンを機能させられないのと同様に，一次サプライヤーも自身の二次サプライヤーから協力を得られなければ，そのサプライチェーンは機能不全に陥る。一次サプライヤーが二次サプライヤーを上手にマネジメントする能力は，自動車メーカーが一次サプライヤーを評価する項目の1つとなっ

ている（Shimono and Kato, 2018a；2018b）。もちろん，二次サプライヤーの選定やその育成は一次サプライヤーの専権事項であるが，一次サプライヤーが二次サプライヤーを上手にマネジメントする能力を高めるために，自動車メーカーが支援したり，インセンティブを付与したりすることは重要である。このように，自動車メーカーと一次サプライヤーの関係だけでなく，二次サプライヤーも含めた多段階関係における技能や能力にも注目する必要がある。

　第二に，サプライヤーがその顧客範囲を拡大させようとする能力である。サプライヤーが顧客範囲を拡大させることは，顧客範囲の経済というメリットをもたらすことはすでに指摘された（延岡，1996b）。このメリットはサプライヤーだけでなく，自動車メーカーも享受することができる。自動車メーカーは，自社以外に対しても顧客範囲を拡大させるようにサプライヤーにインセンティブを与える。顧客範囲の経済が自動車メーカーにもたらす利益として，Nobeoka（1997）は，サプライヤーが複数の自動車メーカー間で部品共通化を進めることは，規模の経済によるコスト削減につながると指摘している。それに加えて，以下の2つのメリットを指摘することができる。

　第5章において，日産グループのサプライチェーンでは，日産がバッファーとしてより大きなリスクを負担していることが明らかとなった。日産系サプライヤーは日産への取引依存度が相対的に高く，有事の際は日産に頼らざるを得ない状況であったといえる。もし日産以外にも頼ることができる顧客が存在していれば，日産への負担は軽減されていたかもしれない。サプライヤーが顧客範囲を拡大させることは，自動車メーカー1社にかかる取引に伴うリスクを分散させることが可能となる。

　また，第7章では，小糸製作所の顧客範囲の拡大プロセスに注目したが，顧客範囲の拡大は，自動車メーカーに対して最新の技術に注意を払い，それらを自らの製品に採用しようとするインセンティブが働く。小糸製作所は2年ごとの短いスパンでイノベーションを起こし，絶えず技術のアップデートを実施していた。顧客範囲が拡大されていれば，競合メーカーが最新の技術をいち早く製品化するかもしれない。絶えず新しい技術の動向に目を配り，それを自らの

製品に取り入れようとするインセンティブが自動車メーカーに付与されると考えられる。

8.4　シェアリングモデルにおける顧客範囲の拡大

　シェアリングモデルを有効に機能させる条件として，自動車メーカー側の視点からは，サプライチェーンのガバナンス機能を発揮させるために，サプライヤーとの距離感，微妙なバランスを構築することが重要であることが確認された。そのガバナンス機能によって，自動車メーカーはサプライヤーに対して，関係的技能を向上させるインセンティブだけでなく，二次サプライヤーを上手にマネジメントする能力を向上させるインセンティブや，顧客範囲を拡大させようとするインセンティブを付与することが可能となる。それらのインセンティブはサプライチェーン全体の利益拡大，リスク削減をもたらし，自動車メーカー自身が獲得する利益や負担するリスクにも反映されることになる。

　一方で，売り手であるサプライヤー側の両方の視点からも，サプライチェーンのシェアリングモデルが有効に機能する条件について考察してみよう。トヨタグループのサプライチェーンの利益・リスク分配のメカニズムからもわかるように，サプライヤーは自動車メーカーに従っていればよいわけではない。サプライヤーによる自立した取り組みが求められる。自動車メーカーもサプライヤーに対して，自立化を促すインセンティブを付与している。その1つが顧客範囲の拡大であった。従来の研究では，顧客範囲の拡大の重要性は指摘されてきたが，そのプロセスについてはあまり議論されてこなかった。第7章で概観したように，小糸製作所は顧客適応戦略に基づいて顧客範囲を拡大させていたが，そのためには持続的なイノベーションを起こし続けることが重要となる。近能（2017）は，主要顧客との緊密な関係を構築しながら，それ以外の顧客へと取引関係を拡大していくことが重要であり，そのカギとなるのが先行開発協業であると指摘している。サプライヤーが主要顧客との先行開発協業を通じて新しい技術や部品を開発し，それを他の顧客へと展開していくことによって，

顧客範囲を拡大するのである。ただし，主要顧客から他の顧客へと展開する際にも何らかの工夫が必要となる。小糸製作所の事例からは，絶え間のないイノベーションを起こし続けることが，顧客範囲の拡大につながるのではないかと考えられる。本来であれば，新しい技術や製品に対する投資を早期に回収したいというインセンティブが働く。しかし，投資の手を緩めることなく，持続的にイノベーションを起こし続けることは，ライバルによるキャッチアップの防止，自動車メーカーが新しい技術や部品を採用しやすい状況の醸成，自社内での仕様の標準化や部品共通化を推進することによるマスカスタマイゼーションの実践，などを実現することができる。

8.5　今後の課題

　本書では，サプライチェーンにおける企業間協働のあり方として，取引企業間における付加価値の創造やその分配について考察してきた。一方では全体最適化のために協力しながら，他方では自己利益の追求のために競争する。一方では相手のリスクを吸収しながら，他方では相手を甘やかさないように負荷をかける。これらの絶妙なバランスをとることができるサプライチェーンを構築する企業が競争優位を獲得することができる。本書では，バーゲニングモデルとシェアリングモデルという2つのサプライチェーンを提示した。特に，トヨタグループのシェアリングモデルは，リスク吸収やインセンティブ付与などの機能を発揮して，サプライチェーン全体の利益拡大やその分配が適切に実施されてきたといえる。

　最後に，残された課題を提示して，本書を締めくくりたい。

　第一に，トヨタグループのシェアリングモデルの優位性を指摘したが，すべての産業や企業がそれを目指すべきかどうかについては今後のさらなる検討が必要である。日本の電機産業には，自動車産業とは異なる産業特性，企業特性，製品特性があることは本書でも指摘した。ただ，近年は電機産業も優勝劣敗が進むことによって，取引先の集中化が進行しており，汎用的な製品・部品で

あっても，その取引の代替先を確保することが難しい状況となっている。電機産業のサプライチェーンにおいて，シェアリングモデルを取り入れる可能性について検討したい。

　第二に，利益・リスク分配メカニズムのさらなる動態的な分析を行う必要がある。日産はNRPによってサプライヤーとの取引関係を見直し，利益やリスクの分配のメカニズムも変化した。2020年代に入り，三菱自動車も含めたルノー・日産グループは，その部品調達戦略をどのように変化させているのか。それが取引企業間の利益やリスク分配にどのように影響を与えているのか。また，トヨタグループは，一貫してシェアリングモデルに基づくサプライチェーンを構築しているが，2000年代には部分的に異なる特徴が見られた。トヨタグループのシェアリングモデルは今後も維持されていくのか。変化するとしたら，何が要因となるのか。事業活動がグローバル化するに従って，財務データなどの定量的データだけではその実態を計り知ることが困難となるが，可能な範囲で定性的データを組み合わせることによって，調査・研究を継続させたい。

　第三はその事業活動のグローバル化である。もはやサプライチェーンは国境を越えてグローバルに構築されている。例えば，トヨタや日産などの日系自動車メーカーと海外サプライヤーとの間では，どのような利益・リスク分配メカニズムが構築されているのか。日本のサプライヤーとの間で構築されたシェアリングモデルが海外でも浸透しているのか。逆に，日系サプライヤーと海外の自動車メーカーとの間では，どのような利益・リスク分配メカニズムが機能しているのか。

　第四に，異分野の取引先と構築するサプライチェーンにおいて，どのような利益・リスク分配メカニズムを構築するのかという問いについても検討したい。例えば，第1章では，CASEという新しい技術の登場によって自動車産業は大変革の時代に突入していくと紹介したが，自動車メーカーやサプライヤーは異分野の取引先との協働がより一層求められる。自動車産業で有効に機能したシェアリングモデルが異分野企業との協働においても通用するのか。サプライチェーンは際限なく進化していく。今後も着実な研究・調査が求められる。

初出論文

第 1 章　書き下ろし

第 2 章　「サプライチェーンにおける企業間協働の包括的レビュー」『オイコノ
　　　　　ミカ』第50巻第 1 号，pp.39-67，2013年.

第 3 章　書き下ろし

第 4 章　「サプライチェーンにおけるリスク・シェアリング：日本の自動車産
　　　　　業と電機産業の比較研究」『尾道大学経済情報論集』第10巻第 1 号，
　　　　　pp.227-247，2010年.

第 5 章　「サプライチェーンにおける利益・リスク分配：トヨタグループと日
　　　　　産グループの比較」『組織科学』第39巻第 2 号，pp.67-81，2005年.

第 6 章　書き下ろし

第 7 章　「自動車部品メーカーの顧客拡大戦略：小糸製作所における次世代製
　　　　　品開発とグローバル展開」『名古屋市立大学経済学会ディスカッション・
　　　　　ペーパーシリーズ』第634号，pp.1-24，2018年.

第 8 章　書き下ろし

【参考文献】

Aoki, M.（1980）"A Model of the Firm as a Stockholder-Employee Cooperative Game," *American Economic Review*, Vol.70,pp.600-610.

Aoki, M.（1988）Information, Incentives and Bargaining in the Japanese Economy, Cambridge University Press, Cambridge.（永易浩一訳『日本経済の制度分析—情報・インセンティブ・交渉ゲーム』筑摩書房，1992年）.

青島矢一（1998）「製品アーキテクチャーと製品開発知識の伝承」『ビジネスレビュー』第46巻第1号，pp.46-60.

青島矢一・加藤俊彦（2012）『競争戦略論（第2版）』東洋経済新報社.

青島矢一・武石彰（2001）「アーキテクチャという考え方」（藤本隆宏・武石彰・青島矢一編『ビジネス・アーキテクチャ』第2章，有斐閣）.

秋野晶二（2008）「EMSの現代的特徴とOEM」『立教ビジネスレビュー』創刊号，pp.82-97.

浅羽茂・新田都志子（2004）『ビジネスシステムレボリューション：小売業は進化する』NTT出版.

浅沼萬里（1984a）「日本における部品取引の構造—自動車産業の事例」『経済論叢』第131巻，pp.137-158.

浅沼萬里（1984b）「自動車産業における部品取引の構造：調整と革新的適応のメカニズム」『季刊現代経済』夏季号，pp.38-48.

Asanuma, B.（1985）"Transactional Structure of Parts Supply in the Japanese Automobile and Electric Machinery Industries: A Comparative Analysis," *Technical Report No.1, Socio-Economics Systems Research Project*, Kyoto University.

浅沼萬里（1987）「関係レントとその分配交渉」『経済論叢』第139巻第1号，pp.39-60.

浅沼萬里（1989）「日本におけるメーカーとサプライヤーとの関係—関係の諸類型とサプライヤーの発展を促すメカニズム」（土屋守章・三輪芳朗編『日本の中小企業』第4章，東京大学出版会）.

Asanuma, B.（1989）"Manufacturer-Supplier Relationship in Japan and Concept of Relation-Specific Skill," *Journal of the Japanese and International Economics*, Vol.3, No.1, pp.1-30.

浅沼萬里（1990）「日本におけるメーカーとサプライヤーとの関係—関係特殊的技能の概念の抽出と定式化—」『経済論叢』第145巻，pp.1-45.

浅沼萬里（1992）「国際的展望の中で見た日本のメーカーとサプライヤーとの関係—自動車産業の事例—」『経済論叢』第149巻第4・5・6号，pp.18-57.

浅沼萬里（1994）「日本企業のコーポレート・ガバナンス—雇用関係と企業間取引関係を中心に—」『金融研究』第13巻第3号，pp.97-117.

浅沼萬里（1997）『日本の企業組織：革新的適応のメカニズム』東洋経済新報社.

Asanuma, B. and T. Kikutani（1992）"Risk absorption in Japan and the concept of relation-specific skill," *Journal of the Japanese and International Economies*, 6, pp.1-29.

Baldwin, C. Y. and K. B. Clark（2000）Design Rules: The Power of Modularity, Cambridge, MA: MIT Press.

Brandenburger, A.M. and H.W. Stuart, Jr.（1996）"Value Based Business Strategy," *Journal of Economics and Management Strategy*, No.5, pp.5-24.

Brandenburger, A.M. and B.J. Nalebuff（1996）Co-opetition, New York: Doubleday.（嶋津祐一・東田啓作訳『ゲーム理論で勝つ経営：競争と協調のコーペティション戦略』日経ビジネス人文庫，2003年）.

Bucklin, L. P.（1965）" Postponement, Speculation and the Structure of Distribution Channels," *Journal of Marketing Research*, Vol.2, No.1, pp.26-31.

Camuffo, A., A. Furlan and E. Rettore（2007）"Risk Sharing in Supplier Relations: an Agency Model for the Italian Air-conditioning Industry," *Strategic Management Journal*, Vol. 28, Issue 12, pp.1257-1266.

Camuffo, A.（2018）"Risk Allocation, Supplier Development and Product Innovation in Automotive Supply Chains: A Study of Nissan Europe," in Moreira, A.C., L.M.D.F.Ferreira and R. A. Zimmermann（eds.）, Innovation and Supply Chain Management: Relationship, Collaboration and Strategies, Springer,pp.213-236.

Chesbrough,H.W.（2003）"Open Innovation: The New Imperative for Creating and Profiting from Technology," Harvard Business Review Press.（大前恵一朗訳『OPEN INNOVATION：ハーバード流イノベーション戦略のすべて』産能大出版部，2004年）

中日新聞社経済部（2015）『時流の先へ：トヨタの系譜』中日新聞社.

Chopra, S. and M. S. Sodhi（2004）"Managing risk to avoid supply-chain breakdown," *Sloan Management Review*, Vol.46, No.1, pp.53-61.

Coase, R. H.（1937）"The Nature of the Firm," Economica, Vol.4, No.16, pp.386-405.

Cooper, M.C. and L.M. Ellram（1993）"Characteristics of Supply Chain Management and the Implications for Purchasing and Logistics Strategy," *International Journal of Logistics Management*, Vol.4, Issue 2, pp.13-24.

Cusumano, M. and A. Takeishi（1991）"Supplier Relations and Management: A Survey of Japanese-Transport, and U.S. Auto Plants," *Strategic Management Journal*, 12, pp.563-588.

De Kok, A.G. and S.C. Graves（eds.）（2003）Supply Chain Management: Design, Coordination and Operation,（Handbooks in Operations Research and Management Science, Vol.11）, Amsterdam; Elsevier.

Dyer, J.（1996）"How Chrysler Created an American Keiretsu," *Harvard Business Review*, Vol.44, No.4, pp.42-56.

Dyer, J. and W. G. Ouchi（1993）"Japanese-Style Partnerships: Giving Companies a Competitive Edge," *Sloan Management Review*, Vol.35, No.1, pp.51-63.

圓川隆夫（1998）「制約条件の理論が可能にするサプライチェーンの全体最適」『DIAMOND

ハーバード・ビジネス・レビュー』第23巻第6号，pp.22-32.

圓川隆夫（2009）『オペレーションズ・マネジメントの基礎─現代の経営工学─』朝倉書店.

Fine, C. H.（1998）Clockspeed: Winning Industry Control in the Age of Temporary Advantage, Reading, MA: Peruseus Books.（小幡照雄訳『サプライチェーン・デザイン：企業進化の法則』日経BP社，1999年）.

Fisher, M.（1997）"What Is the Right Supply Chain for Your Product?", *Harvard Business Review*, March-April, pp.105-116.

Forrester, J.（1961）Industrial Dynamics, Wiley, New York.

富士キメラ総研（2014）『2014ワールドワイド自動車部品マーケティング便覧』富士キメラ総研.

藤本隆宏（1995）「部品取引と企業間関係」（植草益編『日本の産業組織：理論と実証のフロンティア』第3章，有斐閣）.

藤本隆宏（1997）『生産システムの進化論：トヨタ自動車にみる組織能力と創発プロセス』有斐閣.

藤本隆宏（1998）「サプライヤー・システムの構造・機能・発生」（藤本隆宏・西口敏宏・伊藤秀史編『リーディングス　サプライヤー・システム：新しい企業間関係を創る』第2章，有斐閣）.

藤本隆宏（2001a）「アーキテクチャの産業論」（藤本隆宏・武石彰・青島矢一編『ビジネス・アーキテクチャ』第1章，有斐閣）.

藤本隆宏（2001b）『生産マネジメント入門I【生産システム編】』日本経済新聞出版.

藤本隆宏（2001c）『生産マネジメント入門II【生産資源・技術管理編】』日本経済新聞出版.

藤本隆宏（2002）「日本型サプライヤー・システムとモジュール化：自動車産業を事例として」（青木昌彦・安藤晴彦編著『モジュール化：新しい産業アーキテクチャの本質』第6章，東洋経済新報社）.

藤本隆宏・武石彰（1994）『自動車産業21世紀へのシナリオ』生産性出版.

Gaski, J.F.（1984）"The Theory of Power and Conflict in Channels of Distribution," *Journal of Marketing*, Vol.48, No.3, pp.9-29.

Giunipero, L.C., R.E. Hooker, S. Joseph-Matthews, T.E. Yoon and S. Brudvig（2008）"A Decade of SCM Literature: Past, Present and Future Implications," *Journal of Supply Chain Management* , Vol.44, No.4, pp.66-86.

Goldratt, E. and J. Cox（1986）The Goal : A Process of Ongoing Improvement, New York : North River Press.（三本木亮訳『ザ・ゴール─企業の究極の目的とは何か─』ダイヤモンド社，2001年）.

Hamm, M. and W. Huhn（2009）"Worldwide First All-LED Headlights for the Audi R8," *ATZautotechnology*, Vol.9, pp.26-31.

Håkansson,H.（1980）"Marketing Strategies in Industrial Markets: A Framework Applied to a Steel Producer," *European Journal of Marketing*, Vol.14, No.5-6, pp.365-377.

Håkansson, H.（eds.）（1982）Internal Marketing and Purchasing of Industrial Goods: An Interaction Approach, New York: Wiley.

Handfield, Robert B. and E. L. Nichols（1998）Introduction to Supply Chain Management, New Jersey: Prentice-Hall.（新日本製鐵㈱EI事業部訳『サプライチェーンマネジメント概論』ピアソン・エデュケーション，1999年）.

Heide, J. B.（1994）"Interorganizational Governance in Marketing Channels," *Journal of Marketing*, Vol.58（January）, pp.71-85.

Heide, J. B. and G. John（1988）"The Role of Dependence Balancing in Safeguarding Transaction-Specific Assets in Conventional Channels," *Journal of Marketing*, Vol.48（January）, pp.20-35.

Heide, J. B. and G. John（1990）"Alliances in Industrial Purchasing: The Determinants of Joint Action in Buyer-Supplier Relations," *Journal of Marketing Research*, Vol.27, pp.24-36.

Heide, J. B. and G. John（1992）"Do Norms Matter in Marketing Relationship?," *Journal of Marketing*, Vol.56（April）, pp.32-44.

Helper, S.（1991）"How Much Has Really Changed between U.S. Automakers and Their Suppliers?" *Sloan Management Review*, Summer, pp.15-28.

Helper, S. and M. Sako（1995）"Supplier Relations in Japan and the United States: Are They Convergence?" *Sloan Management Review*, Spring, pp.77-85.

Hirschman, A. O.（1970）Exit, Voice, and Loyalty: Responses to Decline in Firms, Organizations, and States,Harvard University Press.（矢野修一訳『離脱・発言・忠誠―企業・組織・国家における衰退への反応―』ミネルヴァ書房，2005年）.

本合暁詩（2011）『会社のものさし―実学「読む」経営指標入門―』東洋経済新報社.

堀雅昭（2016）『鮎川義介―日産コンツェルンを作った男―』弦書房.

Hoyt, J. and F. Huq（2000）"From Arms-Length to collaborative relationships in the supply chain: an evolutionary process," *International Journal of Physical Distribution and Logistics Management*, Vol. 30, Issue 9, pp.750-764.

今井賢一・伊丹敬之・小池和男（1982）『内部組織の経済学』東洋経済新報社.

井上達彦（2008）「ビジネスシステムの新しい視点―価値創造と配分に関するルールの束と自生秩序的な仕組み―」『早稲田商学』第415号，pp.287-313.

井上達彦（2010）「競争戦略論におけるビジネスシステム概念の系譜―価値創造システム研究の推移と分類―」『早稲田商学』第423号，pp.539-579.

犬塚篤（2017）「自動車部品取引のオープン化は進んだのか」『経済科学』第65巻第2号，pp.15-23.

犬塚篤（2018）「国内完成車メーカーと1次サプライヤー間の取引依存関係―分化する部品調達方針―」『日本経営学会誌』第40号，pp.55-65.

アイアールシー（1996, 1999, 2002, 2005, 2008, 2010, 2012, 2014, 2016, 2018）『自動

車部品200品目の生産流通調査』アイアールシー.

アイアールシー（1998，2000，2018）『日産自動車グループの実態』アイアールシー.

アイアールシー（1998）『トヨタ自動車グループの実態』アイアールシー.

石田退三（1968）『自分の城は自分で守れ』講談社.

石井淳蔵（1983）『流通におけるパワーと対立』千倉書房.

石原武政・石井淳蔵（1996）『製販統合：変わる日本の商システム』日本経済新聞社.

伊丹敬之（1993）「日本産業のシステム安定性」『ビジネスレビュー』第41巻第3号，pp.1-20.

伊丹敬之編著（2006）『日米企業の利益率格差』有斐閣.

伊丹敬之・千本木修一（1988）「見える手による競争：部品供給体制の効率化」（伊丹敬之・加護野忠男・小林孝雄・榊原清則・伊藤元重『競争と革新—自動車産業の企業成長』第6章，東洋経済新報社）.

伊丹敬之・加護野忠男（1993）『ゼミナール経営学入門（第2版）』日本経済新聞社.

伊丹敬之・加護野忠男（2003）『ゼミナール経営学入門（第3版）』日本経済新聞社.

伊藤秀史・林田修・湯本祐司（1992）「中間組織と内部組織—効率的取引形態への契約論的アプローチ—」『ビジネスレビュー』第39巻第4号，pp.34-48.

伊藤秀史・林田修（1996）「企業の境界—分社化と権限委譲—」（伊藤秀史編『日本の企業システム』第5章，東京大学出版会）.

伊藤秀史・J. マクミラン（1998）「サプライヤー・システム：インセンティブのトレードオフと補完性」（藤本隆宏・西口敏宏・伊藤秀史編『リーディングス サプライヤー・システム：新しい企業間関係を創る』第3章，有斐閣）.

伊藤元重（1989）「企業間関係と継続的取引」（今井賢一・小宮隆太郎編『日本の企業』第5章，東京大学出版会）.

伊藤誠悟（2013）「顧客ネットワークと競争優位」『経済系：関東学院大学経済学会研究論集』第255集，pp.33-48.

泉谷裕（2001）『「利益」が見えれば会社が見える—ムラタ流「情報化マトリックス経営」のすべて—』日本経済新聞出版.

Jap, S.D.（1999）"Pie-Expansion Efforts: Collaboration Processes in Buyer-Supplier Relationships," *Journal of Marketing Research*, Vol.36, No.4, pp.461-475.

加護野忠男（1988）『組織認識論：企業における創造と革新の研究』千倉書房.

加護野忠男（1993）「新しいビジネスシステムの設計思想」『ビジネス・インサイト』第1巻第3号，pp.44-56.

加護野忠男（1999）『〈競争優位〉のシステム—事業戦略の静かな革命—』PHP新書.

加護野忠男（2004）「部下の抗弁を可能にする組織編成：人事部のガバナンス制度と組織の外部化」『国民経済雑誌』第189巻第4号，pp.21-28.

加護野忠男（2005）「新しい事業システムの設計思想と情報の有効活用」『国民経済雑誌』第192巻第6号，pp.19-33.

216

加護野忠男（2007）「取引の文化—地域産業の制度的叡智」『国民経済雑誌』第196巻第1号，pp.109-118.

加護野忠男（2009）「日本のビジネス・システム」『国民経済雑誌』第199巻第6号，pp.1-10.

加護野忠男（2014）「顧客価値を高める3つの戦略」『一橋ビジネスレビュー』第61巻第4号，pp.6-15.

加護野忠男・井上達彦（2004）『事業システム戦略—事業の仕組みと競争優位—』有斐閣.

加護野忠男・石井淳蔵編著（1991）『伝統と革新—酒類産業におけるビジネスシステムの変貌—』千倉書房.

加護野忠男・山田幸三（2008）「取引制度はいかにして決まるか」（加護野忠男・角田隆太郎・山田幸三・上野恭裕・吉村典久『取引制度から読みとく現代企業』終章，有斐閣）.

加護野忠男・山田幸三編（2016）『日本のビジネスシステム：その原理と革新』有斐閣.

加護野忠男・砂川信幸・吉村典久（2010）『コーポレート・ガバナンスの経営学—会社統治の新しいパラダイム—』有斐閣.

Kawasaki, S. and J. McMillan（1987）"The Design of Contracts: Evidence from Japanese Subcontracting," *Journal of the Japanese and International Economies*,1, pp.327-349.

菊池和重（2015）「自動車用LEDヘッドランプの設計技術」『光学』第44巻第7号，pp.16-21.

木野龍太郎（2000）「自動車企業における購買政策に関する一考察—日産自動車とトヨタ自動車との比較—」『立命館経営学』第39号第3号，pp.125-137.

近能善範（2001）「自動車部品サプライヤーのマスカスタマイゼーション戦略」『日本経営学会誌』第7巻，pp.84-95.

近能善範（2002）「自動車部品取引のネットワーク構造とサプライヤーのパフォーマンス」『組織科学』第35巻第3号，pp.83-100.

近能善範（2004）「日産リバイバルプラン以降のサプライヤーシステムの構造的変化」『経営志林』第41巻第3号，pp.19-44.

近能善範（2007）「日本自動車産業における関係的技能の高度化と先端技術開発協業の深化」『一橋ビジネスレビュー』第55巻第1号，pp.156-172.

近能善範（2017）「顧客との取引関係とサプライヤーの成果：日本の自動車部品産業の事例」『一橋ビジネスレビュー』第65巻第1号，pp.172-185.

興梠孝広（2011）「日系乗用車メーカーの海外現地生産に伴うサプライヤーの帯同進出についての研究—北米への進出事例を中心とした考察—」『広島大学マネジメント研究』第11号，pp.85-97.

La Londe, B.J. and J. M. Masters（1994）"Emerging Logistics Strategies: Blueprints for the Next Century," *International Journal of Physical Distribution and Logistics Management*, Vol.24, No.7, pp.35-47.

Lambert, D.M., M.C. Cooper and J.D. Pagh（1998）"Supply Chain Management: Implementation Issues and Research Opportunities," *International Journal of Logistics*

Management, Vol.9, No.2, pp. 1-19.

Lee, H.（2004）"The Triple-A Supply Cain," *Harvard Business Review*, October, Vol.8, No.10, pp.102-113.

Lee, H. L., V. Padmanabhan and S. Whang（1997）"The Bullwhip Effect in Supply Chains," Sloan Management Review, Vo.38, No.3, pp.93-102.

Lieberman, M. B. and S. Asaba（1997）"Inventory Reduction and Productivity Growth: A Comparison of Japanese and US Automotive Sectors," *Managerial and Decision Economics*, Vol.18, pp.78-85.

Liker, J.K.（2003）The Toyota Way: 14 Management Principles from the World's Greatest Manufacturer, McGraw-Hill.（稲垣公夫訳『ザ・トヨタウェイ』（上）（下）日経BP, 2004年）.

Liker, J.K. and T.Y. Choi（2004）"Building Deep Supplier Relationships," *Harvard Business Review*, December, pp.2-10.

Lincoln, J., M.L. Geriach and P. Takahashi（1992）"Keiretsu Networks in the Japanese Economy: A Dyad Analysis of Intercorporate Ties," *American Sociological Review*, Vol. 57, No.5, pp.561-585.

Lincoln, J. and M. Shimotani（2010）"Business Networks in Postwar Japan: Whither the Keiretsu?" in Colpan, A.M., T. Hikino and J. Lincoln（eds.）The Oxford Handbook of Business Groups. Oxford: Oxford University Press, pp.127-156.

Lusch, F.（1976）"Sources of Power: Their Impact on Intrachannel Conflict," *Journal of Marketing Research*, Vol.13, pp.382-390.

MacDuffie, J. and S. Helper（2006）"Collaboration in Supply Chains, With and Without Trust," in Heckscher, C. and P. S.Adler（eds.）The Corporation as a Collaborative Community, Oxford University Press, pp.417-466.

Macneil, I.（1978）Contracts: Adjustment of Long-Term Economic Relations under Classical, Neoclassical, and Relational Contract Law, 72 Northwestern University Press.

前田淳（2004）「マニュファクチュア段階における「生産システム」の特質―アダム・スミスの「分業論」の考察を踏まえて―」『三田商学研究』第47巻第5号, pp.95-111.

真鍋誠司（2002）「企業間協調における信頼とパワーの効果―日本自動車産業の事例―」『組織科学』第36巻第1号, pp.80-94.

丸山恵也・藤井光男（1991）『トヨタ・日産―グローバル戦略にかけるサバイバル戦略―』大月書店.

増木清行（2004）『データで読み解く日産復活のヒミツ：企業成長・拡大の新方式』ばる出版.

マクミラン, J.（1995）『経営戦略にゲーム理論：交渉・契約・入札の戦略分析』有斐閣.

McMillan, J.（1990）"Managing Suppliers: Incentive Systems in Japanese and U.S. Industry," *California Management Review*, Vol. 32, pp.38-55.

南知恵子（2005）『リレーションシップ・マーケティング：企業間における関係管理と資源移転』千倉書房.

港徹雄（1992）「企業間取引構造―日米欧比較分析―」（速水佑次郎・港徹雄編『取引と契約の国際比較―学際的アプローチ―』第5章，創文社）.

門田安弘（1989）「実例自動車産業のJIT（ジャストインタイム）生産方式」 日本能率協会.

村田昭（1994）『不思議な石ころ―私の履歴書―』日本経済新聞出版.

中山健一郎（2004）「日本自動車メーカー協力会組織の弱体化」『経済と経営』第34巻3・4号，pp.325-363.

日刊自動車新聞社編（1997）『自動車産業ハンドブック〈1998年版〉』日刊自動車新聞社.

西口敏宏（2009）『ネットワーク思考のすすめ：ネットセントリック時代の組織戦略』東洋経済新報社.

日産自動車㈱NPW推進部編（2005）『実践「日産生産方式」キーワード25』日刊工業新聞社.

延岡健太郎（1996a）『マルチプロジェクト戦略』日本経済新聞出版.

延岡健太郎（1996b）「顧客範囲の経済：自動車部品サプライヤの顧客ネットワーク戦略と企業成果」『国民経済雑誌』第173巻第6巻，pp.83-97.

Nobeoka, K.（1997）"Alternative Component Sourcing Strategies within the Manufacturer-Supplier Network: Benefits of Quasi-Market Strategy in the Japanese Automobile Industry," *Kobe Economic & Business Review*, Vol.41, pp.69-99.

延岡健太郎（1999）「日本自動車産業における部品調達構造の変化」『国民経済雑誌』第180巻第3号，pp.57-69.

Novak, R.A. and S.W. Simco（1991）"The Industrial Procurement Process: a Supply Chain Perspective," *Journal of Business Logistics*, Vol.12, No.1, pp.145-168.

岡室博之（1995）「部品取引におけるリスク・シェアリングの検討―自動車産業に関する計量分析―」『商工金融』45巻7号，pp.4-23.

Okamuro, H.（2001）"Risk sharing in the supplier relationship: new evidence from the Japanese automotive industry," *Journal of Economic Behavior & Organization*, Vol.45, pp.361-381.

大野耐一（1978）『トヨタ生産方式―脱規模の経営をめざして―』ダイヤモンド社.

Oliver, R.K. and M.D. Webber（1982）"Supply Chain Management: Logistics Catches Up with Strategy." in M. Christopher（eds.）, Logistics: The Strategic Issues, Chapman & Hall, London.

Pine II,B.J.（1993）Mass Custmization: The New Frontier in Business Competition, Harvard Business School Press, Boston , MA.（江夏健一・坂野友昭監訳IBJ国際ビジネス研究センター訳『マス・カスタマイゼーション革命：リエンジニアリングが目指す革新的経営』日本能率協会マネジメントセンター，1994年）.

Porter, M.（1980）Competitive Strategy, Free Press.（土岐坤・中辻萬治・服部照夫訳『競争の戦略』ダイヤモンド社，1982年）.

Reinertsen, D.（1997）Managing the Design Factory, New York: Free Press.

崔相鐵（1997）「流通系列化の動揺と製販同盟の進展：信頼概念の問題性とパワー・バランスの追求傾向へのチャネル論的考察」『香川大学経済論叢』第70巻第2号，pp.89-127.

崔相鐵・石井淳蔵（2009）「製販統合時代におけるチャネル研究の現状と課題」（崔相鐵・石井淳蔵編著『流通チャネルの再編』第11章，中央経済社）.

崔容熏（2010）「チャネル研究の系譜」（マーケティング史研究会編『マーケティング研究の展開』第5章，同文舘出版）.

坂本和一・下谷政弘編著（1987）『現代日本の企業グループ：「親・子関係型」結合の分析』東洋経済新報社.

Sako, M.（1992）Prices, Quality and Trust: Inter-Firm Relations in Britain & Japan, Cambridge University Press.

Sako, M.（1998）"Does Trust Improve Business Performance?" in Lane, C. and R. Bachmann (eds.), Trust Within and Between Organizations, Oxford University Press.

酒向真理（1998）「日本のサプライヤー関係における信頼の役割」（藤本隆宏・西口敏宏・伊藤秀史編『リーディングス サプライヤー・システム：新しい企業間関係を創る』第4章，有斐閣）.

Sako, M. and S. Helper（1998）"Determinants of Trust in Supplier Relations: Evidence from the Automotive Industry in Japan and the United States," *Journal of Economic Behavior & Organization*, Vol.34, Issue 3, pp.387-417.

佐藤義信（1988）『トヨタグループの戦略と実証分析』白桃書房.

清晌一郎（2005）「グローバル購買・ベンチマーク導入によって変わる日本的購買方式」池田正，中川洋一郎編『環境変化に立ち向かう日本自動車産業（中央大学経済研究所研究叢書38）』中央大学出版会，pp.45-88.

清晌一郎（2017）「海外現地生産における「深層現調化」の課題と巨大「日系系列」の形成」（清晌一郎編著『日本自動車産業の海外生産・深層現調化とグローバル調達体制の変化—リーマンショック後の新興諸国でのサプライヤーシステム調査結果分析』第1章，社会評論社）.

下川浩一・近能善範・ダニエル・ヘラー・加藤寛之（2003）「日産自動車リバイバルプランと日産自動車塙会長・ゴーン社長インタビュー記録」『経営志林』第40巻第3号，pp.45-101.

下野由貴（2007）「サプライチェーンの変動対応力—欧州における日系自動車メーカーの事例研究—」『尾道大学経済情報論集』第7巻第1号，pp.229-244.

下野由貴（2008）「企業間取引における契約と規範の役割—取引ルールの国際比較研究に向けて—」『尾道大学経済情報論集』第8巻第2号，pp.167-187.

下野由貴（2011）「サプライヤー・システムにおける取引プロセスの研究—自動車部品取引の日米欧比較—」『尾道大学経済情報論集』第11巻第1号，pp.219-230.

下野由貴（2017）「成長期のアントレプレナーシップと外部資源」（山田幸三・江島由裕編著

『1 からのアントレプレナーシップ』第10章，碩学舎).

Shimono, Y. and A. Kato（2018a）"Localization Process of Japanese Automobile Companies in ASEAN——The Role of Local Parts Development Division at Toyota," in Itoh, M.,A. Kato, Y. Shimono, Y.Haraguchi and P. Taehoon, Automobile Industry Supply Chain in Thailand, Springer, pp.47-62.

Shimono, Y. and A. Kato（2018b）"Supplier Development of Japanese Automotive Parts Suppliers——Purchasing Strategy of Denso in ASEAN," in Itoh, M.,A. Kato, Y. Shimono, Y.Haraguchi and P. Taehoon Automobile Industry Supply Chain in Thailand, Springer, pp.63-80.

新宅純二郎（2016）「日本企業の海外生産における深層の現地化」『赤門マネジメントレビュー』第15巻第11号，pp.523-538.

Stern, L. W. and J. W. Brown（1969）Distribution Channels: Behavioral Dimensions, Boston: Houghton Nifflin.

Stern, L. W. and T. Reve（1980）"Distribution Channel as a Political Economies: A Framework for Comparative Analysis," *Journal of Marketing*, Vol.44（Summer）, pp.52-64.

Tabeta, N. and S. Rahman（1999）"Risk Sharing Mechanism in Japan's Auto Industry: The keiretsu Versus Independent Parts Supplier," *Asia Pacific Journal of Management*, Vol.16, pp.311-330.

高嶋克義（1994）『マーケティング・チャネル組織論』千倉書房.

高嶋克義（1996）「製販同盟の論理」『ビジネスインサイト』第4巻第2号，pp.22-37.

高嶋克義（1998）『生産財の取引戦略—顧客適応と標準化—』千倉書房.

高嶋克義・南知恵子（2006）『生産財マーケティング』有斐閣.

武石彰（2000）「自動車産業のサプライヤー・システムに関する研究：成果と課題」『社会科学研究』第52巻第1号，pp.25-50.

武石彰（2003）『分業と競争—競争優位のアウトソーシング・マネジメント—』有斐閣.

Takeishi, A. and M. Cusumano（1995）"What We Have Learned and Have Yet To Learn From Manufacturer-Supplier Relations in the Auto Industry," *Working Papers from Massachusetts Institute of Technology*（*MIT*）, Sloan School of Management, pp.1-30.

武石彰・野呂義久（2017）「日本の自動車産業における系列取引関係の分化：新たな研究課題」『経済系：関東学院大学経済学会研究論集』第270集，pp.13-28.

田村正紀（1989）『現代の市場戦略：マーケティング・イノベーションへの挑戦』日本経済新聞社.

Tanner, J.F. Jr.（1999）"Organizational Buying Theories: A Bridge to Relationship Theory," *Industrial Marketing Management*, Vol.28, Issue 3, pp.245-255.

テイラー，F.W.（1969）『科学的管理法』上野陽一訳，産能大学出版部.

富野貴弘（2017）『生産管理の基本』日本実業出版社.

Towill, D.R., N.M. Naim and J. Wikner (1992) "Industrial Dynamics Simulation Models in the Design of Supply Chains," *International Journal of Physical Distribution and Logistics Management*, Vol.22, Issue 5, pp. 3-13.

鶴田俊正 (1992)「時代が「系列」を超えて」(中村秀一郎編著『系列を超えて：新産業革命時代の企業間関係』第 1 章，NTT出版）.

Ulrich, K. T. (1995) "The Role of Product Architecture in the Manufacturing Firm," *Research Policy*,Vol.24, Issue 3, pp.419-440.

Williamson, O.E. (1975) Market and Hierarchies, New York: Free Press (浅沼萬里・岩崎晃訳『市場と企業組織』日本評論社，1980年）.

Williamson, O.E. (1979) "Transaction-Cost Economics: The Governance of Contractual Relations," *Journal of Law and Economics*, Vol.22, No.2, pp.233-261.

Williamson, O.E. (1983) "Credible Commitments: Using Hostages to Support Exchange," *The American Economic Review*, Vol.73, No.4, pp.519-540.

Williamson, O.E. (1985) The Economic Institutions of Capitalism, New York , The Free Press.

Williamson, O.E. (1996) The Mechanisms of Governance, Oxford University Press. (石田光男・山田健介訳『ガバナンスの機構：経済組織の学際的研究』ミネルヴァ書房，2017年）.

鄔丹 (1991)「日本の製造業における企業間分業関係に関する研究」『経済論叢別冊 調査と研究』(京都大学) 第 1 号，pp.62-80.

ウェストニー，E.・M. クスマノ (2010)「「奇跡」と「終焉」の先に何がみえるのか：欧米の論調にみる日本の競争力評価」(青島矢一・武石彰・M. クスマノ編『メイド・イン・ジャパンは終わるのか』第 1 章，東洋経済新報社).

Womack, J., D. Janes, D. Roos (1990) The Machine that Changed the World, New York, NY: Rawson Associates. (沢田博訳『リーン生産方式が世界の自動車産業をこう変える』経済界，1990年）.

横山衛・下野由貴 (2020)「トヨタ流スピンオフの論理」『名古屋市立大学経済学会ディスカッションペーパーシリーズ』No.658.

吉村典久・加護野忠男 (2016)「コーポレート・スピンオフ：子が親を超える事業展開」(加護野忠男・山田幸三編『日本のビジネスシステム：その原理と革新』第 1 章，有斐閣).

湯本祐司 (1990)「継続的取引と複社発注」『経済論叢』第146巻第 2 号，pp.32-47.

Yun, M. (1999) "Subcontracting Relations in the Korean Automotive Industry: Risk Sharing and Technological Capability," International Journal of Industrial Organization, Vol.17, Issue 1, pp.81-108.

会社史

カルソニック株式会社（1988）『世界企業への挑戦：日本ラヂエーターからカルソニックへの50年』

株式会社ジェイテクト（2016）『ジェイテクト10年史』

株式会社小糸製作所（2007）『小糸製作所90年史』

株式会社小糸製作所（2015）『小糸製作所100年史』

日産自動車株式会社（1985）『日産自動車社史：1964〜1973』

スタンレー電気株式会社（1997）『スタンレー電気75年史』

トヨタ自動車株式会社（2013）『トヨタ自動車75年史』（ウェブサイト版　https://www.toyota.co.jp/jpn/company/history/75years）

トヨタ自動車株式会社（2013）『トヨタ自動車75年史［資料編］』

株式会社豊田自動織機（2007）『挑戦　写真で見る豊田自動織機の80年』

トヨタ紡織株式会社（2019）『トヨタ紡織のあゆみ1918-2018：ともに挑む新たな100年』

東洋経済新報社編（1995）『日本会社史総覧』上巻・下巻，東洋経済新報社.

協豊会50年史編集委員会（1994）『協豊会50年のあゆみ』東海協豊会.

宝会記念誌編集委員会（1993）『宝会記念誌　33年の歩み』宝会.

索　　引

【著者紹介】

下野　由貴（しもの　よしたか）

1974年　神戸市に生まれる
1997年　神戸大学経営学部卒業
2004年　神戸大学大学院経営学研究科博士後期課程修了，博士（経営学）学位取得
現　在　名古屋市立大学大学院経済学研究科教授

専門分野：経営戦略，経営組織，企業間関係，国際経営

主な著作
「サプライチェーンにおける利益・リスク分配：トヨタグループと日産グループの比較」『組織科学』第39巻第2号，2005年.
『スウェーデン流グローバル成長戦略—「分かち合い」の精神に学ぶ』（共著〈第4・5章担当〉，中央経済社，2015年）.
Automobile Industry Supply Chain in Thailand（共著〈第4・5章担当〉，Springer, 2018年）.

サプライチェーンのシェアリングモデル
トヨタグループにおける付加価値の創造と分配

2020年9月30日　第1版第1刷発行
2022年9月25日　第1版第2刷発行

著　者　下　野　由　貴
発行者　山　本　　　継
発行所　㈱中央経済社
発売元　㈱中央経済グループ
　　　　パ ブ リ ッ シ ン グ

〒101-0051　東京都千代田区神田神保町1-31-2
電話　03（3293）3371（編集代表）
　　　03（3293）3381（営業代表）
https://www.chuokeizai.co.jp
印刷／㈱堀内印刷所
製本／誠　製　本　㈱

© 2020
Printed in Japan